主编 中国建设监理协会

中国建设监理与咨询

中国建筑工业出版社

图书在版编目（CIP）数据

中国建设监理与咨询.27/ 中国建设监理协会主编.—北京：中国建筑工业出版社，2019.5
ISBN 978-7-112-23700-5

Ⅰ.①中… Ⅱ.①中… Ⅲ.①建筑工程—监理工作—研究—中国 Ⅳ.①TU712

中国版本图书馆CIP数据核字（2019）第085616号

责任编辑：费海玲 焦 阳
责任校对：李美娜

中国建设监理与咨询 27

主编 中国建设监理协会

*

中国建筑工业出版社出版、发行（北京海淀三里河路9号）
各地新华书店、建筑书店经销
北京雅盈中佳图文设计公司制版
天津图文方嘉印刷有限公司印刷

*

开本：880×1230毫米 1/16 印张：$7^1/_2$ 字数：300千字
2019年4月第一版 2019年4月第一次印刷
定价：**35.00**元
ISBN 978-7-112-23700-5
（33995）

编辑部

地址：北京海淀区西四环北路 158 号
慧科大厦东区 10B

邮编：100142

电话：（010）68346832

传真：（010）68346832

E-mail：zgjsjlxh@163.com

中国建设监理与咨询

目录 CONTENTS

行业动态

政策法规消息

本期焦点:全国建设监理协会秘书长工作会议

监理论坛

项目管理与咨询

创新与研究

人才培养

企业文化

百家争鸣

住房和城乡建设部建筑市场监管司副司长卫明一行到中国建设监理协会调研

2019 年 3 月 8 日上午，住房和城乡建设部建筑市场监管司副司长卫明到中国建设监理协会调研座谈。

卫明副司长对协会为监理行业作出的贡献表示感谢，今后将进一步加强与协会的联系，充分发挥行业协会的作用。同时，就监理行业目前存在的问题，如监理职能定位、监理作用发挥等提出课题调研意见。针对监理行业目前面临的问题和挑战，他指出监理制度的稳定和发展应坚持以人民为中心的发展思想，按照高质量发展要求，以供给侧结构性改革为主线，深入行业调研，研究新形势下的监理职能定位，提升监理地位，发挥监理作用。

王早生会长为卫明副司长对协会工作的支持表示感谢，今后协会将进一步加强与政府沟通，反映行业诉求，充分发挥协会桥梁纽带作用，认真完成监理制度发展调研课题，促进行业健康发展。

中国建设监理协会专家委员会部分在京专家参加座谈会，座谈会由中国建设监理协会副会长兼秘书长王学军主持。

中国建设监理协会专家委员会第二次会议在南京召开

2019 年 2 月 27 日，中国建设监理协会六届理事会专家委员会第二次会议在江苏省南京市召开。87 名专家参加会议，会议由副秘书长温健主持。江苏省建设监理协会副会长陈贵到会致辞。

会议首先由副会长兼秘书长、专家委员会常务副主任王学军作“中国建设监理协会专家委员会 2018 年工作总结和 2019 年工作计划”的报告。

常务副主任修璐就专家委员会建设的重要性作了专题讲话；武汉建设监理与咨询行业协会会长汪成庆代表 2018 年协会课题代表交流了课题研究的经验及心得；湖南省建设监理协会副会长兼秘书长屠名瑚代表 2019 年课题承接单位发言，并表达了保质保量完成课题的决心。

中国建设监理协会会长、专家委员会主任王早生作会议总结，号召各位专家齐心协力、上下联动，共同为监理行业的高质量健康发展作出新的贡献。

会议还对 2019 年协会课题研究进行了分组开题讨论，参加全国监理工程师培训考试用书修订工作的专家对有关工作进行了研讨。

中国建设监理协会王早生会长一行到山东调研

2019 年 3 月 13 日、14 日，中国建设监理协会王早生会长一行到济南、青岛，对山东省建设监理行业发展工作情况进行调研座谈并指导工作。

青岛市住建局副局长刘玉勇就青岛市建筑业及监理行业发展情况进行了介绍，青岛市监理行业近几年的发展队伍不断扩充，行业规模持续壮大，产业集中度较高，在监理行业管理服务方面的创新工作也取得了不俗的成效。但是行业规模总体偏小、缺少旗舰型龙头企业、多元化发展深度不够、行业人才严重不足等方面的问

题也不容忽视。青岛市建设监理协会会长胡民讲到青岛监理企业不能安于现状，一定要增强自信、苦练内功、创新发展，不断提升水平、提高能力，不断增强企业核心竞争力。

王早生会长向青岛市住建局对协会工作的支持表示感谢，同时强调，以往青岛市建设监理协会主动作为，对外加强沟通与交流，多家监理企业开展多种形式的创新，以及主管部门赋予监理单位现场管理考核权限等方面的做法表示肯定。

广西建设监理协会第四届二次会员大会暨2018年度总结大会会议——工程监理行业创新发展30周年经验交流会顺利召开

2019年3月6日上午，广西建设监理协会第四届二次会员大会暨2018年度总结大会——工程监理行业创新发展30周年经验交流会在广西建设五象大酒店四楼多功能厅顺利召开。广西住房和城乡建设厅副厅长杨绿峰，副巡视员、建管处处长莫兰新，建管处副处长王晓明；广西社会组织管理局副局长刘宏，科长徐虎明应邀出席了会议。本次会员大会应到会员182人，实到168人，符合本会章程有关规定。会议由本会副会长朱懋南主持。

广西住房和城乡建设厅副厅长杨绿峰和广西社会组织管理局副局长刘宏分别作了重要讲话。充分肯定了广西建设监理协会2018年度取得的成绩，高度评价了协会在行业自律、反映企业诉求、行业调研和推动完善行业管理制度，提高从业人员水平等方面做的大量富有成效的工作。同时，两位领导也对协会今后的工作提出了殷切希望，要求协会继续做好服务会员、服务政府、服务社会的各项工作，全力推动监理行业的转型与创新发展，奋力开创广西监理事业的新篇章。

会长陈群毓作了“广西建设监理协会2018年度工作报告”；秘书长李锦康作了“广西建设监理协会2018年度财务报告”和“广西建设监理协会关于发展会员的报告”并宣读了《关于表彰2018年度参与扶贫攻坚活动的会员企业的决定》；副会长余佩生作了“变更广西建设监理协会业务范围的报告”；副会长朱懋南提请审议了《广西建设监理协会自律公约》；监事黄华宇作了“广西建设监理协会2018年度监事报告”。各参会代表一致审议通过了上述各项审议稿。随后，大会对荣获广西监理行业优秀论文的获奖单位及个人颁发荣誉证书和奖金。

本次会员大会设置了论坛交流环节，特邀了区内部分企业嘉宾针对“监理30年回顾、总结与展望”“监理企业转型升级”“全过程工程咨询服务模式在监理中的应用”“打造学习型工程咨询企业”“监理安全管理”“如何让PPP项目的监理服务物有所值”等热门主题进行了经验分享，为各会员单位提供了一次难得的学习交流的机会。

最后，陈群毓会长作了振奋人心的总结发言，他从《建筑法》、国家顶层设计，以及市场的现实需求等几个层面分析阐明了监理在建筑行业中不可或缺的地位，监理的作用只会增强，不会减弱。陈会长鼓舞全区广大会员勇敢面对当前监理乃至整个建筑行业发生的重大变革，与时俱进，提高监理的专业化、智能化、信息化水平，发挥监理的优势、作用，释放企业活力，彰显行业风采，为开创新时代广西改革发展新局面作出更多贡献。

（黄华宇　提供）

“阳春三月”春意浓，“梅开三度”振人心——山西监理协会再度荣获省民政厅5A级社会组织称号

2019 年 3 月 18 日，山西省民政厅、民管局组织举办了 2019 年中央财政支持山西省社会组织服务能力提升培训班（第一期）。山西省民政厅党组书记、厅长薛维栋，副厅长宋海兵，山西省社会组织管理局王俊玲副局长出席。协会会长苏锁成、秘书长陈敏参加了培训学习。

培训期间，山西省民政厅向全省获得 3A 及其以上评估等级的 19 家社会组织进行了授牌仪式。山西省建设监理协会荣登“5A 级社会组织”榜单。这是继 2011 年、2013 年荣获全省“5A 级社会组织”荣誉后，再度喜获殊荣，成为山西省唯一一家 3 次获得 5A 级评级的社会组织。在纪念中华人民共和国成立 70 华诞即将来临之际，监理协会向敬爱的母亲——祖国送上了一份沉甸甸的厚礼。

当苏锁成会长双手接过授予的牌匾和荣誉证书时，十分感慨。监理协会能从参评的百余家社会组织中“百里挑一”脱颖而出，实属不易。这是评估机构对以唐桂莲会长为领导的协会四届理事会工作的充分肯定，也是对协会五届理事会开端的有力鞭策，具有承上启下的重要意义。荣誉的取得，不仅是全行业和协会工作人员多年辛勤努力的结晶，也是全体会员单位同心同德、大力支持的结果，更是山西省民政厅、住建厅和中国建设监理协会各级领导关心与厚爱的体现。

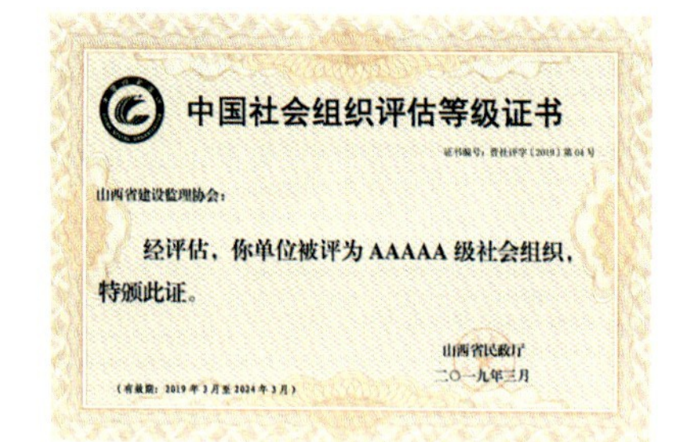
中国社会组织评估等级证书

证书编号：晋社评字〔2019〕第 04 号

山西省建设监理协会：

经评估，你单位被评为 AAAAA 级社会组织，特颁此证。

山西省民政厅

二〇一九年三月

（有效期：2019 年 3 月至 2024 年 3 月）

沉甸甸的牌匾既是来之不易的荣誉，也是砥砺前行的动力。总结传承，不忘初心倍努力；放下荣誉，鞭策服务促提升。我们将十分珍惜此次殊荣，继续秉承“三服务”（强烈的服务意识，过硬的服务本领，良好的服务效果）宗旨，更加努力做好工作，不辜负各级领导的关怀和全体会员的期望，以党的“十九大”精神和习近平新时代中国特色社会主义思想为指针，与时俱进、锐意进取、再接再厉、再创佳绩，为山西省经济繁荣昌盛和监理事业的健康发展作出更大的贡献。

（孟慧业　提供）

《宁夏监理企业不良行为记录认定标准释义》座谈会在银川召开

宁夏回族自治区住房和城乡建设厅于 2019 年 1 月 29 日下午，组织召开了《宁夏监理企业不良行为记录认定标准释义》的讨论座谈会。会议由自治区住建厅副厅长李志国主持。自治区住建厅建管处副处长李涛、副主任科员李飞，法规处副处长刘建国；自治区建设工程质量安全监督总站副站长孙中宁、技术科副科长周丽娟；自治区综合执法局副局长芮学智；宁夏建筑业联合会副会长兼秘书长王振君、副秘书长赵建林；监理行业自律委员会主任委员蔡敏、副主任委员黄健、成员朱万荣等参加了座谈会。

《宁夏监理企业不良行为记录认定标准释义》是宁夏建筑业联合会监理行业自律委员会组织区内骨干企业进行了研讨后，形成书面条款上报住建厅。自治区住建厅为了规范建设主管部门工作人员扣除监理企业不良行为信用分值的行为，组织召开此次座谈会。座谈会就《宁夏监理企业不良行为记录认定标准释义》中 20 项条款进行逐一讨论，提出了意见和建议，并要求参会人员会后将修改意见及时反馈到建管处。

监理行业转型升级创新发展业务辅导活动在济南市举办

2019 年 3 月 15 日，中国建设监理协会在山东省济南市举办了监理行业转型升级创新发展业务辅导活动。共有来自山东、天津、安徽、江苏、黑龙江、吉林、辽宁 7 个地区的 320 名会员代表参加活动。活动由中国建设监理协会副秘书长温健主持。山东省住房和城乡建设厅副厅长宋锡庆到会致辞。

中国建设监理协会会长王早生作了“不忘监理初心，积极转型升级，努力促进建筑业高质量发展”的专题报告。从监理行业沿革、行业现状、面临的问题与挑战及新时代监理行业展望 4 个方面全方位展现了监理行业的发展状况，并提出希望。要求监理企业和广大监理工作人员明确监理职责和定位，推进行业转型升级，发展全过程工程咨询，同时加强科技创新，提高 BIM 信息化技术应用水平，加强监理文化建设。

活动还邀请了来自高等院校、行业协会、监理企业的 6 名专家围绕“准确理解全过程工程咨询，提升集成化服务能力；监理企业风险控制；工程项目管理的实践探索；BIM 技术在监理工作中的应用；应用信息化平台，实现工程咨询企业创新发展；装配式建筑的应用发展与监理工作初探”等内容作了专题授课。

中国建设监理协会副会长兼秘书长王学军作活动总结发言。希望广大会员紧紧围绕住建部工作部署和行业发展实际，坚持稳中求进的工作原则，以供给侧改革为主线，加强与建设单位和施工单位的沟通，坚持市场导向，发挥监理队伍在工程监理和工程管理咨询方面的优势，根据市场和政府的需求不断规范工程监理行为和工程管理咨询工作，提高履职能力和服务质量，共同克服阻碍行业发展的问题和矛盾，推进工程监理行业高质量发展。

《抽水蓄能电站施工监理规范（团标）》修编工作会在广东清远召开

2019 年 3 月 11 日、12 日，《抽水蓄能电站施工监理规范（团标）》修编工作会议在广东清远市召开。本次会议由中国建设监理协会水电建设监理分会和中南公司共同承办，国家电网新源公司、南方电网清蓄公司、华东咨询公司、北京咨询公司、西北咨询公司、二滩国际公司等单位参加了本次会议。

会议首先传达了国网新源公司对《抽水蓄能电站施工监理规范（团标）》目录的审定意见，明确了修编目的及具体要求。《抽水蓄能电站施工监理规范（团标）》的修订应根据国网和南网的抽水蓄能电站工程建设管理要求进行，需突出抽水蓄能电站工程建设管理特点，有别于常规水电水利工程的抽水蓄能电站施工监理规范。

会议对修编工作进行了详细的计划和分工，对照规范目录逐章逐节展开了充分讨论，与会专家集思广益、各抒己见、踊跃发言，提出了许多富有成效的、科学的、可操作性强的修改意见和建议，明确了规范修编工作思路和原则，使得本次会议取得了圆满成功。

会后，与会专家赴广东清远抽水蓄能电站进行调研，与清蓄公司主要领导进行了座谈，听取了南网的管理特色和要求。通过调研，与会专家对南网的现行管理制度有了深入了解，为后期修编工作提供了参考依据。

（孙玉生　提供）

上海市住建委行政服务中心到上海市建设工程咨询行业协会调研

2019 年 2 月 20 日下午，上海市住建委行政服务中心副主任徐振峰，注册人员资格管理科科长姚亚明、副科长沈晓燕等一行 7 人到上海市建设工程咨询行业协会调研座谈。

会上，徐振峰副主任讲到，此次前来协会调研主要是想了解建设工程咨询行业注册人员考试、继续教育等情况，以及行业对管理部门的一些要求，以便更好地推进注册人员资格管理工作；同时，他也表示在人员继续教育方面希望能与协会共同探讨，如何采用多种形式相结合的方式，真正达到学习的效果，提升注册人员的执业水平。

徐逢治秘书长对此次调研表示热烈欢迎，她在座谈中提出，行政服务中心在推进注册电子化、简化注册流程等方面做了大量的工作，协会也将与行政服务中心建立长效沟通机制，积极配合，共同探索行业人才的培养、管理和提升。

座谈会上就企业资质、注册人员现状、企业对管理工作的要求等展开了讨论。

北京市住建委召开“北京市2019年建设工程监理工作会”

2019 年 3 月 18 日，北京市住建委在通州召开“北京市 2019 年建设工程监理工作会”。北京市住建委副巡视员王鑫、质量处处长石向东、施工安全处处长凌振军、建管处处长陈炜文；北京市监督总站副站长胡胜斌；北京市监理协会会长李伟等领导参会。各区住建委、经济开发区住建局、监理单位等共计 300 余人到会。质量处处长石向东主持会议。

首先，北京市监理协会李伟会长作“2018 年全市监理行业工作总结和 2019 年工作安排的报告”。他指出，2018 年北京市监理协会以提升监理履职能力为中心，坚持课题研究，坚持双向服务，取得了良好的工作成绩。2019 年要在此基础上继续做好以下工作：一是强化全员培训学习，促使监理回归专业化，打造一支业务素质高的监理队伍；二是做好科研课题研究工作，2019 年拟定 6 项课题，鼓励监理单位积极参与课题研究、现场检查、提供师资等几项工作；三是完善和发展驻厂监理制度，驻厂监理工作已取得明显成绩，将在预拌混凝土质量驻厂监理的基础上，试行预制构件、成型钢筋等驻厂监理。2019 年任务艰巨，全市监理行业要继续努力，打造具有良好信誉的首都监理品牌。

北京市住建委质量处石向东处长作“2018 年全市监理工作总结并部署 2019 年工作安排”的报告；北京市监督总站胡胜斌介绍“2018 年全市工程建设监督工作情况及 2019 年工作安排”；施工安全处凌振军处长介绍“2018 年全市施工安全工作情况及 2019 年工作安排”；建管处陈炜文处长宣读“关于表彰 2018 年度全市工程监理先进单位和个人的通报”。

最后由王鑫副巡视员作指示，针对 2018 年全市监理单位在质量、安全等方面的实际工作情况，以及此前提出的北京市工程质量安全管理“四体系”“四化”任务目标，结合“施工现场的建筑起重机械管理”“混凝土质量管理”“有限空间”“无梁楼盖”等案例对 2019 年监理工作提出更进一步要求：一、持之以恒推进工程质量安全风险分级管控和隐患排查治理双重预防控制体系建设；二、持续加强安全生产教育培训体系建设；三、不断健全工程质量安全信用体系建设；四、持续提升工程质量安全生产，工程质量安全管理法制化的水平；五、着力做好复工的质量安全生产条件的管理工作；六、确保重点工程的质量安全万无一失。

会议要求各参会单位要及时传达学习会议精神，认真贯彻落实各项工作要求，使监理行业能够持续健康发展，北京市的工程质量安全水平能够再上新台阶。

会上，向与会人员赠送了《建筑材料、构配件和设备进场质量控制工作指南》和《北京市建设工程质量条例》“北京市建设监理协会 2018 年工作总结”等资料。

（张宇红　供稿）

国家发展改革委 住房城乡建设部关于推进全过程工程咨询服务发展的指导意见

发改投资规〔2019〕515号

各省、自治区、直辖市及计划单列市、新疆生产建设兵团发展改革委，各省、自治区住房和城乡建设厅、直辖市住房和城乡建设（管）委、北京市规划和自然资源委、新疆生产建设兵团住房和城乡建设局：

为深化投融资体制改革，提升固定资产投资决策科学化水平，进一步完善工程建设组织模式，提高投资效益、工程建设质量和运营效率，根据中央城市工作会议精神及《中共中央 国务院关于深化投融资体制改革的意见》（中发〔2016〕18号）、《国务院办公厅关于促进建筑业持续健康发展的意见》（国办发〔2017〕19号）等要求，现就在房屋建筑和市政基础设施领域推进全过程工程咨询服务发展提出如下意见。

一、充分认识推进全过程工程咨询服务发展的意义

改革开放以来，我国工程咨询服务市场化快速发展，形成了投资咨询、招标代理、勘察、设计、监理、造价、项目管理等专业化的咨询服务业态，部分专业咨询服务建立了执业准入制度，促进了我国工程咨询服务专业化水平提升。随着我国固定资产投资项目建设水平逐步提高，为更好地实现投资建设意图，投资者或建设单位在固定资产投资项目决策、工程建设、项目运营过程中，对综合性、跨阶段、一体化的咨询服务需求日益增强。这种需求与现行制度造成的单项服务供给模式之间的矛盾日益突出。

为深入贯彻习近平新时代中国特色社会主义思想和党的“十九大”精神，深化工程领域咨询服务供给侧结构性改革，破解工程咨询市场供需矛盾，必须完善政策措施，创新咨询服务组织实施方式，大力发展以市场需求为导向、满足委托方多样化需求的全过程工程咨询服务模式。特别是要遵循项目周期规律和建设程序的客观要求，在项目决策和建设实施两个阶段，着力破除制度性障碍，重点培育发展投资决策综合性咨询和工程建设全过程咨询，为固定资产投资及工程建设活动提供高质量智力技术服务，全面提升投资效益、工程建设质量和运营效率，推动高质量发展。

二、以投资决策综合性咨询促进投资决策科学化

（一）大力提升投资决策综合性咨询水平。投资决策环节在项目建设程序中具有统领作用，对项目顺利实施、有效控制和高效利用投资至关重要。鼓励投资者在投资决策环节委托工程咨询单位提供综合性咨询服务，统筹考虑影响项目可行性的各种因素，增强决策论证的协调性。综合性工程咨询单位接受投资者委托，就投资项目的市场、技术、经济、生态环境、能源、资源、安全等影响可行性的要素，结合国家、地区、行业发展规划及相关重大专项建设规划、产业政策、技术标准及相关审批要求进行分析研究和论证，为投资者提供决策依据和建议。

（二）规范投资决策综合性咨询服务方式。投资决策综合性咨询服务可由工程咨询单位采取市场

合作、委托专业服务等方式牵头提供，或由其会同具备相应资格的服务机构联合提供。牵头提供投资决策综合性咨询服务的机构，根据与委托方合同约定对服务成果承担总体责任；联合提供投资决策综合性咨询服务的，各合作方承担相应责任。鼓励纳入有关行业自律管理体系的工程咨询单位发挥投资机会研究、项目可行性研究等特长，开展综合性咨询服务。投资决策综合性咨询应当充分发挥咨询工程师（投资）的作用，鼓励其作为综合性咨询项目负责人，提高统筹服务水平。

（三）充分发挥投资决策综合性咨询在促进投资高质量发展和投资审批制度改革中的支撑作用。落实项目单位投资决策自主权和主体责任，鼓励项目单位加强可行性研究，对国家法律法规和产业政策、行政审批中要求的专项评价评估等一并纳入可行性研究统筹论证，提高决策科学化，促进投资高质量发展。单独开展的各专项评价评估结论应当与可行性研究报告相关内容保持一致，各审批部门应当加强审查要求和标准的协调，避免对相同事项的管理要求相冲突。鼓励项目单位采用投资决策综合性咨询，减少分散专项评价评估，避免可行性研究论证碎片化。各地要建立并联审批、联合审批机制，提高审批效率，并通过通用综合性咨询成果、审查一套综合性申报材料，提高并联审批、联合审批的操作性。

（四）政府投资项目要优先开展综合性咨询。为增强政府投资决策科学性，提高政府投资效益，政府投资项目要优先采取综合性咨询服务方式。政府投资项目要围绕可行性研究报告，充分论证建设内容、建设规模，并按照相关法律法规、技术标准要求，深入分析影响投资决策的各项因素，将其影响分析形成专门篇章纳入可行性研究报告；可行性研究报告包括其他专项审批要求的论证评价内容的，有关审批部门可以将可行性研究报告作为申报材料进行审查。

三、以全过程咨询推动完善工程建设组织模式

（一）以工程建设环节为重点推进全过程咨询。在房屋建筑、市政基础设施等工程建设中，鼓励建设单位委托咨询单位提供招标代理、勘察、设计、监理、造价、项目管理等全过程咨询服务，满足建设单位一体化服务需求，增强工程建设过程的协同性。全过程咨询单位应当以工程质量和安全为前提，帮助建设单位提高建设效率、节约建设资金。

（二）探索工程建设全过程咨询服务实施方式。工程建设全过程咨询服务应当由一家具有综合能力的咨询单位实施，也可由多家具有招标代理、勘察、设计、监理、造价、项目管理等不同能力的咨询单位联合实施。由多家咨询单位联合实施的，应当明确牵头单位及各单位的权利、义务和责任。要充分发挥政府投资项目和国有企业投资项目的示范引领作用，引导一批有影响力、有示范作用的政府投资项目和国有企业投资项目带头推行工程建设全过程咨询。鼓励民间投资项目的建设单位根据项目规模和特点，本着信誉可靠、综合能力和效率优先的原则，依法选择优秀团队实施工程建设全过程咨询。

（三）促进工程建设全过程咨询服务发展。全过程咨询单位提供勘察、设计、监理或造价咨询服务时，应当具有与工程规模及委托内容相适应的资质条件。全过程咨询服务单位应当自行完成自有资质证书许可范围内的业务，在保证整个工程项目完整性的前提下，按照合同约定或经建设单位同意，可将自有资质证书许可范围外的咨询业务依法依规择优委托给具有相应资质或能力的单位，全过程咨询服务单位应对被委托单位的委托业务负总责。建设单位选择具有相应工程勘察、设计、监理或造价咨询资质的单位开展全过程咨询服务的，除法律法规另有规定外，可不再另行委托勘察、设计、监理或造价咨询单位。

（四）明确工程建设全过程咨询服务人员要求。工程建设全过程咨询项目负责人应当取得工程建设类注册执业资格且具有工程类、工程经济类高级职称，并具有类似工程经验。对于工程建设全过程咨询服务中承担工程勘察、设计、监理或造价咨询业务的负责人，应具有法律法规规定的相应执业

资格。全过程咨询服务单位应根据项目管理需要配备具有相应执业能力的专业技术人员和管理人员。设计单位在民用建筑中实施全过程咨询的，要充分发挥建筑师的主导作用。

四、鼓励多种形式的全过程工程咨询服务市场化发展

（一）鼓励多种形式全过程工程咨询服务模式。除投资决策综合性咨询和工程建设全过程咨询外，咨询单位可根据市场需求，从投资决策、工程建设、运营等项目全生命周期角度，开展跨阶段咨询服务组合或同一阶段内不同类型咨询服务组合。鼓励和支持咨询单位创新全过程工程咨询服务模式，为投资者或建设单位提供多样化的服务。同一项目的全过程工程咨询单位与工程总承包、施工、材料设备供应单位之间不得有利害关系。

（二）创新咨询单位和人员管理方式。要逐步减少投资决策环节和工程建设领域对从业单位和人员实施的资质资格许可事项，精简和取消强制性中介服务事项，打破行业壁垒和部门垄断，放开市场准入，加快咨询服务市场化进程。将政府管理重心从事前的资质资格证书核发转向事中事后监管，建立以政府监管、信用约束、行业自律为主要内容的管理体系，强化单位和人员从业行为监管。

（三）引导全过程工程咨询服务健康发展。全过程工程咨询单位应当在技术、经济、管理、法律等方面具有丰富经验，具有与全过程工程咨询业务相适应的服务能力，同时具有良好的信誉。全过程工程咨询单位应当建立与其咨询业务相适应的专业部门及组织机构，配备结构合理的专业咨询人员，提升核心竞争力，培育综合性多元化服务及系统性问题一站式整合服务能力。鼓励投资咨询、招标代理、勘察、设计、监理、造价、项目管理等企业，采取联合经营、并购重组等方式发展全过程工程咨询。

五、优化全过程工程咨询服务市场环境

（一）建立全过程工程咨询服务技术标准和合同体系。研究建立投资决策综合性咨询和工程建设全过程咨询服务技术标准体系，促进全过程工程咨询服务科学化、标准化和规范化；以服务合同管理为重点，加快构建适合我国投资决策和工程建设咨询服务的招标文件及合同示范文本，科学制定合同条款，促进合同双方履约。全过程工程咨询单位要切实履行合同约定的各项义务、承担相应责任，并对咨询成果的真实性、有效性和科学性负责。

（二）完善全过程工程咨询服务酬金计取方式。全过程工程咨询服务酬金可在项目投资中列支，也可根据所包含的具体服务事项，通过项目投资中列支的投资咨询、招标代理、勘察、设计、监理、造价、项目管理等费用进行支付。全过程工程咨询服务酬金在项目投资中列支的，所对应的单项咨询服务费用不再列支。投资者或建设单位应当根据工程项目的规模和复杂程度，咨询服务的范围、内容和期限等与咨询单位确定服务酬金。全过程工程咨询服务酬金可按各专项服务酬金叠加后再增加相应统筹管理费用计取，也可按人工成本加酬金方式计取。全过程工程咨询单位应努力提升服务能力和水平，通过为所咨询的工程建设或运行增值来体现其自身市场价值，禁止恶意低价竞争行为。鼓励投资者或建设单位根据咨询服务节约的投资额对咨询单位予以奖励。

（三）建立全过程工程咨询服务管理体系。咨询单位要建立自身的服务技术标准、管理标准，不断完善质量管理体系、职业健康安全和环境管理体系，通过积累咨询服务实践经验，建立具有自身特色的全过程工程咨询服务管理体系及标准。大力开发和利用建筑信息模型（BIM）、大数据、物联网等现代信息技术和资源，努力提高信息化管理与应用水平，为开展全过程工程咨询业务提供保障。

（四）加强咨询人才队伍建设和国际交流。咨询单位要高度重视全过程工程咨询项目负责人及相

关专业人才的培养，加强技术、经济、管理及法律等方面的理论知识培训，培养一批符合全过程工程咨询服务需求的综合型人才，为开展全过程工程咨询业务提供人才支撑。鼓励咨询单位与国际著名的工程顾问公司开展多种形式的合作，提高业务水平，提升咨询单位的国际竞争力。

六、强化保障措施

（一）加强组织领导。国务院投资主管部门负责指导投资决策综合性咨询，国务院住房和城乡建设主管部门负责指导工程建设全过程咨询。各级投资主管部门、住房和城乡建设主管部门要高度重视全过程工程咨询服务的推进和发展，创新投资决策机制和工程建设管理机制，完善相关配套政策，加强对全过程工程咨询服务活动的引导和支持，加强与财政、税务、审计等有关部门的沟通协调，切实解决制约全过程工程咨询实施中的实际问题。

（二）推动示范引领。各级政府主管部门要引导和鼓励工程决策和建设采用全过程工程咨询模式，通过示范项目的引领作用，逐步培育一批全过程工程咨询骨干企业，提高全过程工程咨询的供给质量和能力；鼓励各地区和企业积极探索和开展全过程工程咨询，及时总结和推广经验，扩大全过程工程咨询的影响力。

（三）加强政府监管和行业自律。有关部门要根据职责分工，建立全过程工程咨询监管制度，创新全过程监管方式，实施综合监管、联动监管，加大对违法违规咨询单位和从业人员的处罚力度，建立信用档案和公开不良行为信息，推动咨询单位切实提高服务质量和效率。有关行业协会应当充分发挥专业优势，协助政府开展相关政策和标准体系研究，引导咨询单位提升全过程工程咨询服务能力；加强行业诚信自律体系建设，规范咨询单位和从业人员的市场行为，引导市场合理竞争。

中华人民共和国国家发展和改革委员会
中华人民共和国住房和城乡建设部
2019 年 3 月 15 日

关于印发住房和城乡建设部建筑市场监管司2019年工作要点的通知

建市综函〔2019〕9号

各省、自治区住房和城乡建设厅，直辖市住房和城乡建设（管）委，北京市规划和自然资源委，新疆生产建设兵团住房和城乡建设局，国务院有关部门建设司（局）：

现将《住房和城乡建设部建筑市场监管司2019年工作要点》印发给你们。请结合本地区、本部门实际情况，安排好今年的建筑市场监管工作。

附件：住房和城乡建设部建筑市场监管司2019年工作要点

住房和城乡建设部建筑市场监管司

2019年3月11日

（此件主动公开）

住房和城乡建设部 建筑市场监管司2019年工作要点

2019年，建筑市场监管工作以习近平新时代中国特色社会主义思想为指导，深入贯彻落实习近平总书记关于住房和城乡建设工作的重要批示精神，全面贯彻党的“十九大”和十九届二中、三中全会精神，坚决贯彻落实党中央、国务院决策部署，按照全国住房和城乡建设工作会议要求，坚持以人民为中心的发展思想，稳中求进、改革创新、担当作为，以推进建筑业重点领域改革为重点，以深化建筑业“放管服”改革为主线，促进建筑产业转型升级和技术进步，全面提升建筑业发展质量和效益。

一、推进建筑业重点领域改革，促进建筑产业转型升级

（一）开展钢结构装配式住宅建设试点。选择部分地区开展试点，明确试点工作目标、任务和保障措施，稳步推进试点工作。推动试点项目落地，在试点地区保障性住房、装配式住宅建设和农村危房改造、易地扶贫搬迁中，明确一定比例的工程项目采用钢结构装配式建造方式，跟踪试点项目推进情况，完善相关配套政策，推动建立成熟的钢结构装配式住宅建设体系。

（二）深化工程招投标制度改革。完善招投标监管制度，研究起草关于进一步加强房屋建筑和市政基础设施工程招投标监管的意见，进一步扩大招标人自主权，简化招投标程序。创新招投标监管方式，推进电子招投标试点工作。加强招投标全过程监管，强化标后合同履行监督，遏制招投标违法违规行为。

（三）完善工程建设组织模式。加快推行工程总承包，出台《房屋建筑和市政基础设施项目工程总承包管理办法》，修订工程总承包合同示范文本。发展全过程工程咨询，出台《关于推进全过程工程咨询服务发展的指导意见》，研究制订全过程工程咨询服务技术标准和合同示范文本。推进建筑师负责制试点，在建筑工程设计咨询中发挥建筑师主导作用。

（四）改革建筑用工制度。扩大建筑产业工人队伍培育示范基地试点范围，完善建筑产业工人培育、使用、评价、激励等机制。研究制订新时期建

筑产业工人队伍建设改革方案，强化顶层设计。推动建筑劳务企业转型，发展专业企业，逐步实现建筑工人公司化、专业化管理。加大实名制管理推行力度，落实《建筑工人实名制管理办法（试行）》，完善全国建筑工人管理服务信息平台，提高实名制管理信息化水平。

二、深化建筑业“放管服”改革，优化企业营商环境

（一）优化市场准入机制。贯彻落实党中央、国务院支持民营企业改革发展决策部署，推动落实《住房和城乡建设部办公厅关于支持民营建筑企业发展的通知》要求，构建统一开放、竞争有序的市场环境。进一步简化企业资质类别和等级设置，减少申报材料。持续推进建筑业企业资质告知承诺制审批，扩大告知承诺制审批范围，启动工程监理企业资质告知承诺制审批试点。大力推行“互联网+”政务服务，实行“一站式”网上审批。修订《建筑工程施工许可管理办法》，研究调整工程投资额和建筑面积限额标准，进一步放宽施工许可办理要求。

（二）完善注册执业制度。研究调整勘察设计注册工程师制度总体框架，完善勘察设计注册工程师专业体系。制订监理工程师职业资格制度规定，健全监理工程师制度。修订勘察设计注册工程师、注册建造师管理规定，进一步改进和完善考试、注册执业和继续教育制度，落实注册人员执业责任。推动全国注册建筑师管理委员会和全国勘察设计注册工程师管理委员会换届，完善注册建筑师和勘察设计注册工程师管理体制。

（三）健全建筑市场信用和担保体系。加快完善建筑市场失信联合惩戒机制，推动签署《关于对建筑市场相关失信责任主体实施联合惩戒的合作备忘录》。健全建筑市场各方主体信用记录，实施建筑市场黑名单制度。完善全国建筑市场监管公共服务平台，提高平台数据质量，推进数据整合和共享开放。加快推进实施工程担保制度，出台《关于加快推进房屋建筑和市政基础设施工程实行工程担保制度的指导意见》。加快推进实施银行保函替代方式，继续清理规范工程建设领域保证金，切实减轻企业负担。

（四）严厉打击违法违规行为。开展工程建设领域专业技术人员职业资格“挂证”问题专项整治，通过部门间数据共享提升监管效能，探索建立遏制“挂证”问题长效机制。严厉查处转包违法分包等建筑市场违法违规行为，保持查处违法违规行为的高压态势。进一步加强市场和现场联动，加大对质量安全事故责任企业和人员的处罚力度。

三、做好巡视“后半篇文章”，全面加强党的政治建设

（一）落实中央巡视整改任务。深入学习贯彻习近平总书记关于巡视和脱贫攻坚工作的重要批示指示精神，坚决完成十九届中央第一轮巡视和脱贫攻坚专项巡视整改任务，坚持巡视整改和业务工作同研究、同部署、同落实，以巡视整改为契机，有力推动建筑业改革发展各项工作。

（二）推进建筑产业扶贫工作。深入定点扶贫县开展调研，听取意见建议、了解实际需求，立足推动定点扶贫县建筑业发展，研究制订针对性的建筑产业扶贫措施，积极协调有关协会和大型建筑业企业对定点扶贫县进行帮扶。

（三）坚持把党的政治建设摆在首位。深入学习贯彻习近平新时代中国特色社会主义思想和党的“十九大”精神，教育引导党员干部旗帜鲜明讲政治，增强“四个意识”、坚定“四个自信”践行“两个维护”，始终在政治立场、政治方向、政治原则、政治道路上同以习近平同志为核心的党中央保持高度一致。

（四）落实全面从严治党政治责任。严格履行党风廉政建设主体责任，落实“一岗双责”，严格执行中央八项规定及其实施细则精神，持续整治形式主义、官僚主义问题。加强反腐倡廉教育，坚持月度党员大会案例通报和节假日廉政提醒制度，进一步梳理廉政风险点，完善廉政风险防控制度。

住房和城乡建设部关于修改部分部门规章的决定

中华人民共和国住房和城乡建设部令第47号

《住房和城乡建设部关于修改部分部门规章的决定》已经2019年2月15日第6次部常务会议审议通过，现予发布，自发布之日起施行。

住房和城乡建设部部长　王蒙徽

2019年3月13日

住房和城乡建设部关于修改部分部门规章的决定

为深入推进工程建设项目审批制度改革，住房和城乡建设部决定修改下列部门规章：

一、删去《房屋建筑和市政基础设施工程施工分包管理办法》（建设部令第124号，根据住房和城乡建设部令第19号修改）第十条第二款“分包工程发包人应当在订立分包合同后7个工作日内，将合同送工程所在地县级以上地方人民政府住房城乡建设主管部门备案。分包合同发生重大变更的，分包工程发包人应当自变更后7个工作日内，将变更协议送原备案机关备案”。

二、将《房屋建筑和市政基础设施工程施工招标投标管理办法》（建设部令第89号，根据住房和城乡建设部令第43号修改）第十八条中的“招标人应当在招标文件发出的同时，将招标文件报工程所在地的县级以上地方人民政府建设行政主管部门备案”修改为“招标人应当在招标文件发出的同时，将招标文件报工程所在地的县级以上地方人民政府建设行政主管部门备案，但实施电子招标投标的项目除外”。

将第十九条中的“并同时报工程所在地的县级以上地方人民政府建设行政主管部门备案”修改为“并同时报工程所在地的县级以上地方人民政府建设行政主管部门备案，但实施电子招标投标的项目除外”。

三、将《危险性较大的分部分项工程安全管理规定》（住房和城乡建设部令第37号）第九条“建设单位在申请办理安全监督手续时，应当提交危大工程清单及其安全管理措施等资料”修改为“建设单位在申请办理施工许可手续时，应当提交危大工程清单及其安全管理措施等资料”。

四、将《城市建设档案管理规定》（建设部令第61号，根据建设部令第90号、住房和城乡建设部令第9号修改）第八条“列入城建档案馆档案接收范围的工程，建设单位在组织竣工验收前，应当提请城建档案管理机构对工程档案进行预验收。预验收合格后，由城建档案管理机构出具工程档案认可文件”修改为“列入城建档案馆档案接收范围的工程，城建档案管理机构按照建设工程竣工联合验收的规定对工程档案进行验收”。

删去第九条“建设单位在取得工程档案认可文件后，方可组织工程竣工验收。建设行政主管部门在办理竣工验收备案时，应当查验工程档案认可文件”。

五、将《城市地下管线工程档案管理办法》（建设部令第136号，根据住房和城乡建设部令第9号修改）第九条“地下管线工程竣工验收前，建设单位应当提请城建档案管理机构对地下管线工程档案进行专项预验收”修改为“城建档案管理机构应当按照建设工程竣工联合验收的规定对地下管线工程档案进行验收”。

本决定自发布之日起施行。以上5部部门规章根据本决定作相应的修正，重新发布。

2019年1月1日至3月20日公布的工程建设标准

序号	标准编号	标准名称	发布日期	实施日期
1	CJJ/T 275—2018	市政工程施工安全检查标准	2018/3/19	2018/11/1
2	JGJ/T 396—2018	咬合式排桩技术标准	2018/3/19	2018/11/1
3	JGJ/T 135—2018	载体桩技术标准	2018/3/19	2018/11/1
4	CJJ/T 280—2018	纤维增强复合材料筋混凝土桥梁技术标准	2018/4/10	2018/10/1
5	JGJ/T 452—2018	建材及装饰材料经营场馆建筑设计标准	2018/5/28	2018/12/1
6	CJJ/T 286—2018	土壤固化剂应用技术标准	2018/5/28	2018/12/1
7	CJ/T 515—2018	燃气锅炉烟气冷凝热能回收装置	2018/5/30	2018/12/1
8	GB/T 51310—2018	地下铁道工程施工标准	2018/7/10	2018/12/1
9	JGJ/T 428—2018	弱电工职业技能标准	2018/9/12	2019/1/1
10	JGJ 446—2018	监狱建筑设计标准	2018/9/12	2019/1/1
11	JGJ/T 436—2018	住宅建筑室内装修污染控制技术标准	2018/9/12	2019/1/1
12	JGJ/T 421—2018	冷弯薄壁型钢多层住宅技术标准	2018/9/12	2019/1/1
13	JGJ 432—2018	建筑工程逆作法技术标准	2018/9/12	2019/1/1
14	CJJ 92—2016	城镇供水管网漏损控制及评定标准	2018/12/27	2019/2/1
15	GB 51309—2018	消防应急照明和疏散指示系统技术标准	2018/7/10	2019/3/1
16	GB/T 50181—2018	洪泛区和蓄滞洪区建筑工程技术标准	2018/9/11	2019/3/1
17	GB/T 51327—2018	城市综合防灾规划标准	2018/9/11	2019/3/1
18	GB/T 50298—2018	风景名胜区总体规划标准	2018/9/11	2019/3/1
19	GB/T 51329—2018	城市环境规划标准	2018/9/11	2019/3/1
20	GB/T 51328—2018	城市综合交通体系规划标准	2018/9/11	2019/3/1
21	CJJ/T 120—2018	城镇排水系统电气与自动化工程技术标准	2018/10/18	2019/3/1
22	CJJ 63—2018	聚乙烯燃气管道工程技术标准	2018/10/18	2019/3/1
23	CJJ/T 284—2018	热力机械顶管技术标准	2018/10/18	2019/3/1
24	CJ/T 135—2018	园林绿化球根花卉种球	201810/30	2019/4/1
25	CJ/T 529—2018	冷拌用沥青再生剂	2018/10/30	2019/4/1
26	CJ/T 526—2018	软土固化剂	2018/10/30	2019/4/1
27	CJ/T 117—2018	建筑用承插式金属管管件	2018/10/30	2019/4/1
28	CJ/T 535—2018	物联网水表	2018/10/30	2019/4/1
29	CJ/T 527—2018	道路照明灯杆技术条件	2018/10/30	2019/4/1
30	CJ/T 250—2018	建筑排水用高密度聚乙烯（HDPE）管材及管件	2018/10/30	2019/4/1
31	GB/T 51334—2018	城市综合交通调查技术标准	2018/11/1	2019/4/1
32	GB/T 50357—2018	历史文化名城保护规划标准	2018/11/1	2019/4/1
33	GB 50068—2018	建筑结构可靠性设计统一标准	2018/11/1	2019/4/1
34	GB/T 50337—2018	城市环境卫生设施规划标准	2018/11/1	2019/4/1
35	GB/T 51336—2018	地下结构抗震设计标准	2018/11/1	2019/4/1
36	JGJ/T 451—2018	内置保温现浇混凝土复合剪力墙技术标准	2018/11/7	2019/4/1
37	CJJ/T 287—2018	园林绿化养护标准	2018/11/7	2019/4/1
38	CJJ/T 96—2018	地铁限界标准	2018/11/7	2019/4/1
39	CJJ/T 292—2018	边坡喷播绿化工程技术标准	2018/11/7	2019/4/1
40	JG/T 520—2018	挤压成型混凝土抗压强度试验方法	2018/11/7	2019/4/1
41	CJ/T 519—2018	市政管道电视检测仪	2018/11/7	2019/4/1
42	CJ/T 531—2018	生活垃圾焚烧灰渣取样制样与检测	2018/11/7	2019/4/1
43	CJJ/T 283—2018	园林绿化工程盐碱地改良技术标准	2018/11/8	2019/4/1
44	GB 50160—2008	石油化工企业设计防火标准	2018/12/18	2019/4/1
45	GB 50437—2007	城镇老年人设施规划规范	2018/12/27	2019/5/1
46	GB/T 50297—2018	电力工程基本术语标准	2018/12/26	2019/6/1
47	GB/T 51341—2018	微电网工程设计标准	2018/12/26	2019/6/1

2019年1~2月开始实施的工程建设标准

序号	标准编号	标准名称	发布日期	实施日期
		行业标准		
1	JGJ 432—2018	建筑工程逆作法技术标准	2018/9/12	2019/1/1
2	JGJ/T 421—2018	冷弯薄壁型钢多层住宅技术标准	2018/9/12	2019/1/1
3	JGJ/T 436—2018	住宅建筑室内装修污染控制技术标准	2018/9/12	2019/1/1
4	JGJ 446—2018	监狱建筑设计标准	2018/9/12	2019/1/1
5	JGJ/T 428—2018	弱电工职业技能标准	2018/9/12	2019/1/1
6	CJJ 92—2016	城镇供水管网漏损控制及评定标准	2018/12/27	2019/2/1

2019年3月开始实施的工程建设标准

序号	标准编号	标准名称	发布日期	实施日期
		国家标准		
1	GB 50089—2018	民用爆炸物品工程设计安全标准	2018/7/10	2019/3/1
2	GB 51309—2018	消防应急照明和疏散指示系统技术标准	2018/7/10	2019/3/1
3	GB/T 50374—2018	通信管道工程施工及验收标准	2018/9/11	2019/3/1
4	GB/T 50548—2018	330kV~750kV架空输电线路勘测标准	2018/9/11	2019/3/1
5	GB/T 51314—2018	数据中心基础设施运行维护标准	2018/9/11	2019/3/1
6	GB/T 51315—2018	射频识别应用工程技术标准	2018/9/11	2019/3/1
7	GB 50143—2018	架空电力线路、变电站（所）对电视差转台、转播台无线电干扰防护间距标准	2018/9/11	2019/3/1
8	GB 51322—2018	建筑废弃物再生工厂设计标准	2018/9/11	2019/3/1
9	GB/T 51313—2018	电动汽车分散充电设施工程技术标准	2018/9/11	2019/3/1
10	GB/T 51311—2018	风光储联合发电站调试及验收标准	2018/9/11	2019/3/1
11	GB/T 50252—2018	工业安装工程施工质量验收统一标准	2018/9/11	2019/3/1
12	GB/T 51323—2018	核电厂建构筑物维护及可靠性鉴定标准	2018/9/11	2019/3/1
13	GB/T 51316—2018	烟气二氧化碳捕集纯化工程设计标准	2018/9/11	2019/3/1
14	GB 51321—2018	电子工业厂房综合自动化工程技术标准	2018/9/11	2019/3/1
15	GB/T 51320—2018	建设工程化学灌浆材料应用技术标准	2018/9/11	2019/3/1
16	GB/T 50046—2018	工业建筑防腐蚀设计标准	2018/9/11	2019/3/1
17	GB/T 51328—2018	城市综合交通体系规划标准	2018/9/11	2019/3/1
18	GB/T 50528—2018	烧结砖瓦工厂节能设计标准	2018/9/11	2019/3/1
19	GB/T 51329—2018	城市环境规划标准	2018/9/11	2019/3/1
20	GB/T 50298—2018	风景名胜区总体规划标准	2018/9/11	2019/3/1
21	GB/T 51327—2018	城市综合防灾规划标准	2018/9/11	2019/3/1
22	GB/T 50181—2018	洪泛区和蓄滞洪区建筑工程技术标准	2018/9/11	2019/3/1
23	GB/T 50559—2018	平板玻璃工厂环境保护设施设计标准	2018/9/11	2019/3/1
24	GB/T 51296—2018	石油化工工程数字化交付标准	2018/9/11	2019/3/1
25	GB/T 51319—2018	医药工艺用气系统工程设计标准	2018/9/11	2019/3/1
		行业标准		
1	CJJ/T 284—2018	热力机械顶管技术标准	2018/10/18	2019/3/1
2	CJJ 63—2018	聚乙烯燃气管道工程技术标准	2018/10/18	2019/3/1
3	CJJ/T 120—2018	城镇排水系统电气与自动化工程技术标准	2018/10/18	2019/3/1

（冷一楠　提供）

本期
焦点

全国建设监理协会秘书长工作会议

2019 年 3 月 21 日，全国建设监理协会秘书长工作会议在湖南省长沙市召开。各地方建设监理协会、有关行业建设监理专业委员会及分会 60 余人参加了本次会议。湖南省住房和城乡建设厅副厅长宁艳芳到会并致辞，会议由温健副秘书长主持。

会议提出 2019 年协会将以习近平总书记新时代中国特色社会主义思想为指导，全面贯彻党的“十九大”和十九届二中、三中全会精神，认真落实中央经济工作会议精神，坚决贯彻落实党中央、国务院决策部署，坚持以人民为中心的发展思想、坚持稳中求进工作总基调、坚持新发展理念；按照高质量发展要求，以供给侧改革为主线，不断加强自律管理，规范会员行为，提高服务质量。努力提高为会员服务的能力和水平，引导和推进工程监理行业创新发展。

会议要求“中国建设监理协会 2019 年工作要点”将围绕 5 方面，20 项要点开展工作，王学军秘书长对主要工作进行了说明；吴江副秘书长在会上宣读了《中国建设监理协会会员信用管理办法（试行）》及实施意见；温健副秘书长作了 2018 年“个人会员咨询服务费使用情况的报告”。

会议交流了地方协会的工作情况。湖南省建设监理协会就“打造协会服务特色，树立迎接挑战常态”展开协会工作经验交流，特别是在行业诚信体系建设方面做出了长沙“臭豆腐”的味道；贵州省建设监理协会积极发挥行业协会自身优势、协助主管部门维护市场秩序，凝心聚力，为会员提供有效服务；四川省监理协会面对恶劣的自然灾害，快速反应，紧急动员，勇当先锋，第一时间奔赴灾区开展应急评估、抢险救灾及灾后重建工作，切实践行社会责任，为抗震救灾和灾后重建提供强大的技术支撑，并涌现出一大批敢打硬仗、善打硬仗的监理企业和从业人员。湖南华顺建设项目管理有限公司总经理向与会者介绍了智能安全监测技术研发及应用情况，展示了智能安全监测技术对施工过程重大危险源实施智能检测的优势和可靠性。

王学军秘书长在会议总结时肯定了协会秘书处、各地方协会、行业协会及分协会 2018 年的工作，在促进行业发展、落实继续教育相关政策、围绕行业需要开展各类课题研究、开展行业交流与宣传、会员发展和服务等方面作的努力和贡献，同时对 2019 年协会工作提出要求。最后王学军秘书长感谢各地方和行业协会对协会工作的支持，希望大家共同努力，为监理事业健康发展作出贡献。

中国建设监理协会2019年工作要点

中建监协〔2019〕19号

2019年，中国建设监理协会将以习近平新时代中国特色社会主义思想为指导，全面贯彻党的“十九大”和十九届二中、三中全会精神，认真落实中央经济工作会议精神，坚决贯彻落实党中央、国务院决策部署，坚持以人民为中心的发展思想，坚持稳中求进工作总基调，坚持新发展理念，按照高质量发展要求，以供给侧结构性改革为主线，不断加强自律管理，规范会员行为，提高服务质量。努力提高为会员服务的能力和水平，引导和推进工程监理行业创新发展。

一、协助行业主管部门工作

1. 监理行业管理制度完善相关工作。

2. 监理行业现状调研有关工作。

3. 监理工程师考试有关工作。

4. 监理工程师与香港测量师互认有关工作。

二、规范会员管理工作

1. 落实“会员信用管理办法”。

2. 研究制定“会员信用评价办法”。

3. 建立健全“会员信用信息管理平台”。

4. 加强对个人会员服务费使用情况的监管。

5. 做好团体会员、单位会员和个人会员发展与管理。

三、做好服务会员工作

1. 继续开展分区域个人会员业务辅导活动，指导、支持地方举办业务培训班。

2. 充实会员网络业务学习内容和开办网络个人会员学习园地。

3. 办好《中国建设监理与咨询》行业刊物，加强报刊对监理宣传报道。

4. 组织修订《监理工程师培训考试用书》。

四、引导行业健康发展

1. 召开监理企业管理创新经验交流会和工程监理与工程咨询经验交流会。

2. 继续开展行业课题研究并积极推进相关课题转换为团体标准。

3. 推进行业管理信息化和提高监理科技含量。

4. 通报参与“鲁班奖”和“詹天佑奖”监理企业和总监理工程师。

五、加强秘书处自身建设

1. 加强党的建设，落实主体责任，开展教育活动。

2. 加强对行业分会活动和资金使用情况的监管。

3. 提高全体人员服务意识，自律意识。

关于印发中国建设监理协会2019年工作要点说明的通知

中建监协秘〔2019〕7号

各省、自治区、直辖市建设监理协会，有关行业建设监理专业委员会，各分会：

2019年3月21日，中国建设监理协会在长沙召开全国建设监理协会秘书长工作会议，王学军副会长兼秘书长在会上对中国建设监理协会2019年工作要点进行了说明，现印发给你们，供参考。

附件：中国建设监理协会2019年工作要点说明

中国建设监理协会秘书处

2019年4月2日

附件

中国建设监理协会2019年工作要点说明
——副会长兼秘书长王学军

各位领导、各位秘书长：

大家上午好！

今天我们在长沙召开全国监理协会秘书长会议，我代表中国建设监理协会秘书处对大家的到来表示欢迎，对大家一直以来对中国建设监理协会秘书处工作的支持和帮助在此表示诚挚的感谢！同时也感谢湖南省住建厅宁艳芳副厅长热情洋溢的致辞和对监理行业秘书长会议的关心和重视。

2019年，中国建设监理协会将全面贯彻落实党的“十九大”精神，以习近平新时代中国特色社会主义思想为指导，紧紧围绕住房城乡建设工作部署和行业发展实际，坚持稳中求进的工作原则，以供给侧改革为主线，加强与地方和行业协会的沟通与协作，发挥行业专家委员会的作用，规范监理工作和会员行为，提高服务能力和质量，推动工程监理行业创新发展，根据六届二次理事会通过的中国建设监理协会2019年工作要点，现将主要工作说明如下：

一、协助行业主管部门工作

（一）做好监理行业管理制度完善相关工作。建筑业还处在改革发展阶段，建设组织模式、建造方式、服务模式还处在改革发展之中，还需要规范管理，完善制度；全过程咨询服务指导意见正在征求意见，配套措施还需要健全，如“全过程工程咨询合同示范文本”“全过程工程咨询工作标准”都需要明确。“监理企业资质管理办法”和“注册监理工程师管理办法”根据市场经济的发展和行业发展的需要都需要进行制定或修订。这些工作事关行业发展的大局，我们将根据政府主管部门的要求组织行业协会和行业专家做好各项制度征求意见工作，切实反映会员的诉求，使各项制度的建立和修订更加符合行业实际。希望大家届时予以配合。

（二）做好工程监理制度发展调研和促进行业标准化建设工作。工程监理制度建立至今已30余年，期间，协会曾组织行业专家对工程监理制度发展进行过研究，也取得了一些成果。根据行业发展需要，今年上半年协会拟与建设行政主管部门联合开展“工程监理制度发展研究”，对监理的职能定位、作用的发挥、未来发展提出意见建议。争取达到职能清晰、地位提高、收入合理的目标。并对全过程工程咨询试点的四川、陕西、福建、湖南等省试点情况进行调研，了解全过程工程咨询试点进展情况，试点中遇到的问题及解决问题的意见和建议。希望地方监理协会和行业监理专业委员会、分会给予积极配合，有典型监理成功案例的省份和行业，可以书面材料形式向我们推荐，如重庆大渡口区政府购买监理服务、港珠澳大桥工程监理等。

二、规范会员管理工作

（一）落实“会员信用管理办法”和研究制定“会员信用评估标准”。加强行业自律管理是行业协会的一项重要职责，为推进诚信体系建设，促进行业健康发展，2018 年我们组织专家研究制订了《中国建设监理协会会员信用管理办法》，主要是对会员信用信息采集、管理、公布和会员失信行为进行处理做出了规定。如何落实“会员信用管理办法”，协会制订了“会员信用管理办法实施意见”，请各地方监理协会和行业监理专业委员会、分会协助中国建设监理协会落实好此实施意见，希望确定人员负责此项工作。为加强行业自律管理，2019 年协会将委托有关专家研究制订《中国建设监理协会会员信用评价标准》，明确信用等级、评价条件和方式。希望有关地方监理协会和行业监理专业委员会给予支持，共同推进建设监理行业诚信体系建设，促进会员单位诚信经营、个人诚信执业。

（二）建立健全“会员信用服务平台”。社会已步入信息化时代，管理信息化势在必行。因此，协会今年将与地方监理协会和行业监理专业委员会联手建立“会员信用服务平台”，寓日常管理与信用管理为一体，主要记载会员基本信息、优良信息、不良信息、履行义务信息等。这项工作需要地方协会和行业监理专业委员会给予支持和配合。个人会员基础信息和信用信息的采集和管理由地方协会和行业监理专业委员会、分会负责，涉及县以上表扬和需要给予会员警告以上处理的失信信息报中国建设监理协会。会员需要信用信息证明由地方协会代中国建设监理协会开具证明。

发挥大数据、互联网在促进行业诚信建设中的作用，逐步实现地方监理协会和行业监理专业委员会、分会与中国建设监理协会联网，达到信息共享。

（三）加强对个人会员服务费使用情况的监管。由于中国建设监理协会会员分布在全国各地、各行业，因此建立了中国建设监理协会与地方协会和行业监理专业委员会联合为会员提供服务的机制。提供服务就要有服务费用，但服务费使用情况需要遵守有关规定。为规范该项费用支出，中国建设监理协会 2017 年下发了《关于加强个人会员会费使用管理的通知》（中建监协〔2017〕10 号），请地方协会和行业监理专业委员会严格按照通知要求使用该项费用并按规定时间书面填报使用情况。

三、服务会员工作

（一）继续开展分区域个人会员业务辅导活动，指导地方监理协会举办业务培训活动。中国建设监理协会 2016 年建立个人会员制度以后，为增加会员服务内容，从 2017 年开始为会员提供免费业务辅导，至 2018 年底已在全国 6 大片区各进行了一次业务辅导活动，就行业发展面临的热点难点问题和政策解读，请有关专家、企业负责人进行辅导，接受业务辅导的近 2000 余名会员代表反映比较好。因此计划今年将全国分为 4 大片区，分别在山东、四川、浙江、山西继续免费为会员代表开展业务辅导活动。希望地方监理协会和行业监理专业委员会积极组织会员代表参加。

同时，对地方团体会员开展的业务辅导活动，本协会将在师资力量等方面给予支持。

（二）充实会员网络业务学习内容和开办网络个人会员学习园地。建筑业改革还在进行中，完善建设组织模式、建造方式、服务模式的规定和配套政策将陆续出台，我们要将信息化与服务会员结合起来，及时充实网络业务学习内容，保证个人会员每年 32 学时内容充实，为会员提供最新的政策指导和业务知识。同时计划开办会员网络业务学习园地，将有指导性的文章、业务知识放进学习园地，供个人会员免费学习。

（三）办好《中国建设监理与咨询》行业刊物，加强报刊对监理行业宣传报道。《中国建设监理与咨询》是行业主要刊物，发行量在逐年增加，影响力在不断扩大。今年经编委会研究决定对行业热点难点问题、行业先进人物加大报道力度。同时加强对企业和典型人物报道和报刊对监理行业宣传力度，提高监理在建筑行业和社会的认知度。希望地方协会和行业监理专业委员会、分会支持行业刊物的征订和组稿工作，多作宣传、多发现正面典型，为宣传本行业提供素材。

四、引导行业健康发展工作

（一）召开监理企业管理创新经验交流会和工程监理与工程咨询经验交流会。全国有监理企业 8000 余家，协会现有单位会员 1000 余家，单位会员因种种原因发展不平衡，为提高单位会员管理能力和水平，计划上半年召开一次企业管理创新经验交流会，促进单位会员提高信息化管理能力、综合人才培养能力、企业核心竞争能力、诚信经营能力、项目管理能力、企业文化建设等方面的能力和水平。

施工阶段工程监理是监理行业的主业，也是监理行业的基础。工程咨询是有能力的监理企业发展的方向，在工程监理和工程管理咨询方面有的企业积累了较为成熟的工作经验，下半年拟召开工程监理与工程咨询经验交流会，目的是提高工程监理和工程咨询能力和水平，引导监理行业适应市场需求，拓宽业务范围，履行监督职能和管理咨询职责，更好地服务工程建设，保障工程质量安全。

希望地方监理协会和行业监理专业委员会，积极推荐典型。

（二）开展行业课题研究和推进相关课题转换为团体标准。为规范行业管理和提高监理工作标准化，今年计划开展 6 个课题研究：其中深化改革完善工程监理制度课题拟委托北京市建设监理协会李伟会长牵头负责调研，其余监理行业标准的编制导则、中国建设监理协会会员信用评估标准、房屋建筑工程监理工作标准、BIM 技术在监理工作中的应用、监理工作工（器）具配备标准 5 个课题分别由河南、湖南、江苏、上海、重庆监理协会会长带领行业专家进行调研。

另外，根据监理行业发展需要和 2018 年课题研究成果情况，由北京市协会会长牵头带领行业专家对部分课题进行转换为团体标准工作，希望大家给予支持。

（三）推进行业管理信息化和提高监理科技含量。现在是信息化时代，促进信息化在企业管理和监理工作中的应用是行业协会一项重要工作，要及时发现和推广信息化管理比较好的典型，促进信息化管理工作再上台阶。人工智能发展很快，人工智能设备与监理工作融合将极大的解放生产力提高工作效率，因此促进人机协调发展，提高监理科技含量是促进监理行业发展的必由之路，只有提高监理科技含量，监理工作才能适应时代发展的需要，发挥出应有的作用。今天湖南华顺项目管理公司将向大家介绍智能安全监测技术在监理工作尤其是安全管理中的应用，相信对大家会有启发。

（四）通报参与“鲁班奖”和“詹天佑奖”监理企业和总监理工程师。党的“十八大”以来，对评优评奖工作进行了严格限制，主要解决借评优评奖之机乱收费问题。按照规定评选活动要报主管部门批准，除保留的评选项目其他项目都不批。希望大家理解。但是行业发展需要凝聚力，需要正能量，需要正面引导。协会在建筑业协会和土木工程学会支持下，2019 年拟对参与“鲁班奖”和“詹天佑奖”监理企业和监理工程师进行通报，以达到弘扬正气、树立标杆，引领行业发展的目的。此项工作需要地方监理协会和行业监理专业委员会认真把关。

同志们：今年是建国 70 周年，让我们携起手来，在习近平新时代中国特色社会主义思想指引下，围绕行业发展实际，认真履行行业组织职能，尤其是在规范行业工作标准和会员履职行为，促进供给侧改革，推动监理行业高质量发展而共同努力，为祖国工程建设作出我们应有的贡献！

王早生会长在中国建设监理协会专家委员会上的讲话

王早生
中国建设监理协会

今天，中国建设监理协会在南京召开专家委员会六届二次会议，感谢各位专家长期以来为建设工程监理行业的发展研究作出的贡献。专家们辛勤工作的精神让我深受感动，也表明我们监理行业有人才、有水平，研究成果有很高的质量。下面我谈几点意见：

一是继续大力宣传监理行业。春节前在昆明召开的理事会上对协会2018年工作作了总结，对2019年工作作了安排，在即将召开的全国秘书长会上将再作详细的部署。去年取得的成绩很突出，监理行业30周年发展总结回顾很有必要，各地方、行业协会利用各种场合组织各种形式的宣传活动。去年的宣传工作取得了成绩，接下来我们的宣传工作还要继续开展，每年都要组织宣传监理行业的正能量，利用传统媒体、自媒体、网站、微信圈等各种渠道进行宣传。

二是以问题为导向，不断深化改革，开展课题研究。在座的很多专家都是企业家，你们的首要责任是把企业经营好、管理好。但同时你们又是专家委员会的专家，还肩负着引领行业发展的重要责任，带领大家将行业研究工作开展好。各地方、行业协会都要成立专家委员会开展行业课题研究，要起到行业发展领头羊的带头作用，引领监理行业的健康发展。

一年之计在于春，“春耕、夏种、秋收、冬藏”是农业生产的时间安排，我们的年度工作计划也是同样的节奏：一季度布置工作，二、三季度开展工作，四季度总结工作。今天在专家委员会的会上布置了今年的工作。监理行业还是一个新的行业，需要研究的问题很多，任务很重，如工作标准、技术标准的研究等。监理是改革开放的产物，今年的工作任务需要靠大家在深化改革的过程中努力完成。

三是开展监理行业改革与发展调研。下个月，我们会将2019年的工作计划印发给各地，各地根据本地的实际情况进一步深化落实工作任务，相信大家都能完成得很好，对此，我们充满信心。按照住房和城乡建设部建筑市场监管司的工作要求，协会将联合开展“深化改革完善工程监理制度”的调研课题，这是一个新任务。根据新要求，我们近期在北京组织了座谈会，研讨新形势下我们如何做好这项工作，要抓住这次政府部门重视监理的机会，行业协会要认真做好课题研究工作。请各位专家都要给予支持，根据新情况、新任务进行思路和工作的调整，要分清轻重缓急，重视此次涉及监理行业发展宏观的、本质的、核心的、定位的课题。协会将按照工作要求，上半年完成此项课题研究，形成报告。

希望各地方、行业协会积极参与，在调研过程中要统一思想，达成共识，总结成果，解决再研究、再认识、再提高的行业发展问题。各地方、行业协会也可独立开展课题研究，[illegible]发展了，我们要适应新的形势。我们不搞闭门造车式的研究，开展课题研究的过程本身就很重要。过程就是统一思想、提高认识、达成共识，然后推进工作。

四是坚定信心，做好工作。国家对监理一直很重视，在党中央、国务院近几年的文件中均有阐述，我们要认真学习城市工作会的文件、建筑业改革的文件和开展全过程工程咨询的文件。我们监理行业要结合高质量发展、深化供给侧改革、从严治党的要求，以及工程质量安全的要求，为社会和人民负责，为业主创造价值。只有这样，才能进一步发挥监理的作用。希望我们大家明确任务、齐心协力、上下联动，共同为监理事业的高质量发展作出新的贡献！

中国建设监理协会专家委员会2018年工作总结和2019年工作计划

王学军
中国建设监理协会

尊敬的王早生会长、各位副会长、各位专家委员会副主任、各位资深专家：

大家上午好！中国建设监理协会六届理事会专家委员会成立以来做了大量的工作，今天我们相聚在南京召开专家委员会二次工作会议，受早生主任委托，由我来作专家委员会 2018 年工作总结，围绕“中国建设监理协会 2019 年工作安排”，提出 2019 年专家委员会工作计划，请大会审议。

一、专家委员会 2018 年工作总结

（一）圆满完成了全国监理工程师资格考试相关工作

2018 年，在市场司、人社部人事考试中心的指导下，协会秘书处组织有关专家，通过专家们的努力，在山东山大欧玛软件股份有限公司、宁波大学师生的积极配合下，较圆满地完成了 2018 年全国监理工程师资格考试相关工作。有的专家克服家庭困难坚守工作第一线、有的专家带病坚持工作、有的专家夜以继日辛勤付出、有的专家严守纪律不参加社会培训活动。他们过硬的业务水平、高度的责任心和保密纪律意识，给监理工程师考试考题质量和安全保密提供了可靠的保障，协会已连续 22 年承担这项工作，从未发生一起泄密事故。正是专家们的辛勤付出，保障了监理工程师队伍每年高质量稳步壮大，持续有力地保障了监理事业后继有人。

（二）较好地完成了协会课题研究任务

为满足监理工作需要、规范监理工作、推进监理工作标准化，2018 年协会委托中国建设监理协会 4 位副会长和武汉协会会长牵头院校、行业专家参加开展了 5 项课题研究，即“工程监理资料管理标准”“会员信用管理办法”“装配式建筑工程监理规程”“项目监理机构人员配置标准”和“建设工程监理工作标准体系研究”。课题研究时间紧、任务重，课题组专家们努力创造条件，克服多重困难，较好地完成了各项课题研究工作，体现了高度的责任心和不畏艰难、甘于奉献的高贵品质，在此我代表协会对各位辛勤的付出和取得的研究成果表示衷心的感谢和祝贺。

“工程监理资料管理标准”课题研究。在副会长李伟的带领下，选取全国具有代表性的省市企业作为调研对象，合理设定调研内容，全面了解我国不同行业和地区工程监理资料管理的现状，同时书面征集关于工程监理资料管理的意见，并组织部分监理企业进行座谈。研究理清了监理 14 个专业类别资料管理的共性规律，总结了监理资料管理中存在的问题，在此基础上研究提出了全国统一的工程监理资料管理标准。

“装配式建筑工程监理规程”课题研究。在副会长孙成牵头，副组长陈文、龚花强的带领下，运用科学合理的调研思路，分 5 个调研小组共召开座谈会 24 次；访谈政府部门和各类建筑业企业共 118 家；考察装配式建筑工地和装配式建筑基地 19 个；收回访谈问卷 74 份。根据装配式建筑建造工艺特点，结合装配式建筑工程“三控两管”具体工作，明确各阶段、各环节监理工作具体内容，强调针对性与可操作性，保证实用性、完整性，实现监理工作程序化、标准化，用于规范装配式建筑监理工作，提升监理工作成效，对推进装配式建筑工程监理工作规范化、标准化具有积极作用。

“项目监理机构人员配置标准”课题研究。由武汉市建设监理协会会长汪成庆牵头，期间对 20

个省市开展调研，调研覆盖面占全国的 2/3。对 18 个省市的 734 家企业进行信息采集，对 9782 个项目进行了数据统计。还在湖南、湖北、浙江等地开展调研座谈，课题组在广泛开展问卷调查、走访座谈、实地考察的基础上，运用工程管理和社会学理论，采用统计分析、实例对比、模拟推演、综合评判等方法，尽可能地考虑各种影响项目监理机构人员配置的因素，形成了课题研究报告《项目监理机构人员配置标准》。研究成果既能指导项目监理机构人员配置，推动工程监理单位及其从业者履职尽责、规范行业自身行为，又能作为建设单位选择工程监理单位、合理支付监理酬金的依据。有利于维护工程监理单位及其从业者的合法权益，让权责更加清晰、履职更加科学、维权更加到位、作为更能彰显、价值更好提升、发展更有保障。

《会员信用管理办法》课题研究由副会长商科牵头，副组长麻京生、盛大全、屠名瑚、周崇浩、李明安积极参与，先后在杭州、合肥、西安进行 3 次座谈调研，共进行了 4 次集中讨论修改，6 次小范围修改，先后形成 8 稿，研究主要包括团体会员、单位会员、个人会员在工作中践行的信用行为；团体会员对单位会员和个人会员信用信息采集的原则；对会员信用信息如何管理、对会员不良信用行为如何处理、对优良信用行为如何褒扬等。《会员信用管理办法》能够规范会员信用的采集和管理，促进管理制度化，符合当前国家推行社会信用体系建设的方向、符合行业和市场发展的需求，切实提高监理企业、监理从业人员的职业道德和自律意识，对规范行业管理，促进行业诚信建设和工程监理企业转型升级创新发展具有重要的规范意义和实用价值。

另外还完成了 2017 年立项的“建设工程监理工作标准体系”课题研究。该课题以刘伊生教授为课题组长，主要研究如何促进工程监理工作标准化建设，做好工程监理工作标准顶层设计。课题组遵循“立足顶层设计、团体标准为主、覆盖各专业工程、发挥引导作用、突出工作重点”的原则，结合工程监理实际需求，综合考虑工程标准的不同维度，设计了工程监理工作标准框架体系，提出了标准编码建议。同时，还针对主要专业工程和监理工作内容，明确了监理工作标准应包含的内容，并结合当前标准化改革发展形势，提出了工程监理工作标准化实施建议。该课题对推进工程监理工作标准化具有重要的指导意义和实用价值。

（三）顺利完成为会员进行业务辅导的工作

为更好地服务协会会员，宣传监理行业改革发展形势，作好监理企业转型升级创新发展，促进监理行业健康发展；协会依托专家队伍，围绕行业热点、难点问题，就“实施全过程工程咨询的战略思考、危险性较大工程新政解读、监理的风险控制、装配式建筑的应用与发展、监理企业的转型和能力再造、诚信与监理行业发展”等内容在会员范围内分 6 大片区分别开展了免费为会员进行业务辅导的活动。专家委员会副主任修璐、刘伊生、温健、杨卫东等人积极参加活动并讲课，龚花强、陈文等多位专家多次为会员作专业辅导，开拓了会员的视野、增长了业务知识、增强了做好监理工作的信心，对监理企业转型升级创新发展起到了促进作用，大家反响良好。

二、专家委员会 2019 年工作计划

围绕中国建设监理协会 2019 年工作安排，专家委员会重点做好以下几项工作：

（一）开展行业课题研究工作

1.“监理工作标准的编制守则”

拟委托河南省建设监理协会会长、专家委员会主任委员陈海勤为牵头人。

该课题主要解决：工程监理标准编制不规范问题。达到规范监理工作标准编制程序、编制行为，提高编制水平的目的。

2.“会员信用评估标准”

拟委托湖南省建设监理协会副会长兼秘书长、专家委员会主任委员屠名瑚为牵头人。

该课题主要解决：诚信体系建设不完善，诚信会员与不诚信会员区分无标准问题。达到规范区分诚信或不诚信行为标准，建立由谁区分、如何区分，以及诚信等级设定等目的。

3.“BIM 技术在监理工作中的应用”

拟委托中监协副会长、上海市建设工程咨询行业协会会长、专家委员会主任委员夏冰为牵头人。

该课题主要解决：工程监理与项目管理信息化管理水平不高的问题。达到 BIM 应用与工程监理工作相结合，提高工程监理和项目管理能力和水平。

4.“监理工（器）具配置标准”

拟委托中监协副会长、重庆市建设监理协会会长、专家委员会主任委员雷开贵为牵头人。

该课题主要解决：工程监理工作科技含量低的问题。达到工程监理有相对统一的工（器）具配备，提高工程监理科技含量，进而提高工作质量的目的。

5.“房屋建筑工程监理工作标准”

拟委托中监协副会长、江苏省建设监理协会副会长、专家委员会主任委员陈贵为牵头人。

该课题主要解决：房屋工程监理工作不明不细的问题。达到房建监理工作职责明、任务细、标准清的目的。

6. 课题转换团体标准

拟委托中监协副会长、北京市建设监理协会会长、专家委员会主任委员李伟为牵头人。中监协专家委员会常务副主任修璐、副主任刘伊生协助。

该课题主要解决：将大家公认的课题标准转换为团标。

（二）开展监理行业调研

1. 监理行业开展全过程工程咨询情况调研

计划三月份开始，分别在四川、陕西、福建、湖南等地开展调研。

2. 工程监理制度发展研究

在 2014 年调研基础上，主要从以下 3 个方面展开：

1）从供给侧改革、推进工程建设高质量发展，从严治党、从严管理工程角度出发，进一步明确监理的职能定位，使监理的地位更牢固。

2）从古今中外工程监督的存在和发展，说明工程监理的必要性。

3）通过对工程监理发展的行业、专业和涉及监理出现问题的典型案例剖析，证明工程监理存在的必要性。

在此基础上提出监理制度发展的意见和建议。争取达到提升监理地位、稳定服务收入、推进行业健康发展的目的。

（三）配合做好 2019 年度全国监理工程师资格考试等相关工作

（四）修订全国监理工程师培训考试用书

总体要求：在原基础上修改、补充、完善。尽心尽责做好培训考试用书修订工作。监理工程师培训考试用书，虽然不是指定考试教材，但这套书是行业顶尖专家参与编写完成的，又有行业行政主管领导部门审核把关，公信力较强，使用多年，从未出现与考题脱离的现象，社会反响良好。因此希望参加修订此书的同志：一是要认真负责，本着向政府、行业、学员负责的精神做好此项工作。二是保证质量、实事求是，对教材中有关章节，以新文件、规范为准，结合监理工作实际，以新代旧，把过时的内容替换掉；文字上不要出现歧义。三是根据修编内容选择编辑专家，过去参与工作的原则上不换，不能承担此项工作，内容需要修编的再选择合适的专家。四是中监协和市场司领导不参与编写，但参与审定工作。修编工作以院校专家为主、企业专家配合，实行实名制，责任到人，不设挂名编辑。五是尽快制定出方案，根据方案逐步完成修订工作。

（五）充实会员网络业务学习课件内容和开办网络个人会员学习园地

建筑业改革还在进行中，完善工程建设组织模式、建造方式、服务模式和配套政策将陆续出台，我们要将互联网与为会员服务结合起来，及时充实网络业务学习内容，为会员提供最新的政策指导和业务知识，将有指导性的文章、业务知识放进学习园地，供个人会员免费学习。

（六）做好监理行业转型升级创新发展业务辅导活动及标准宣贯活动

过去的两年里，我们已在全国分 6 个片区，为近两千名会员提供了免费的监理行业转型升级创新发展业务辅导活动，2019 年计划在山东、四川、浙江、山西4个点继续做好该业务辅导工作，让会员更好地开阔视野，了解行业发展动态，应对行业发展中遇到的各种困难和问题，同时做好行业相关标准的宣传贯彻工作，促进行业健康发展。

（七）其他需要依托专家完成的工作。

同志们，六届理事会专家委员会成立至今工作成果显著，各位专家为行业发展做了大量的工作，今年是新中国成立70周年，也是供给侧结构性改革推动建筑业高质量发展、监理转型升级创新发展的重要一年，在此我代表中国建设监理协会对各位的辛苦付出表示衷心的感谢。新一年，新征程，希望各位专家一如既往地关心、理解和支持监理协会的工作，为行业健康发展出谋献策、继续努力，再创辉煌！

中国建设监理协会会员信用管理办法（试行）

中建监协〔2019〕8号

第一条　为了规范会员信用管理，加强监理行业自律，推进诚信体系建设，维护监理市场秩序，进一步促进监理事业健康发展，根据国家有关法律法规、民政部《社会组织信用信息管理办法》、住房和城乡建设部《建筑市场信用信息管理办法》和《中国建设监理协会章程》等，制定本办法。

第二条　本办法适用于中国建设监理协会团体会员、单位会员和个人会员（以下简称会员）的信用管理。

第三条　本会加强与政府有关行政主管部门的联系，互通信用信息，通过全国和省级及行业建筑市场监管公共服务平台，政府有关部门网站等了解会员信用信息。

第四条　会员信用信息采集应合法、真实、有效、公开。

第五条　会员自报信用信息，包括基本信息、优良信用信息、不良信用信息。

基本信息指注册、登记、年检信息、资质信息、工程项目信息、注册执业人员信息等。

优良信用信息指获得的县级以上政府有关行政主管部门、社团组织表彰等信息。

不良信用信息指因执业行为受到政府有关行政主管部门行政处罚的信息，有关社团组织认定的其他不良信用信息。

第六条　会员在信用信息变更后15日内，将变更后的信息通过网络上报本会。

第七条　会员自报信用信息情况与全国和省级及行业建筑市场监管公共服务平台信息不一致的，会员应自查自纠。

第八条　会员信用信息以中国建设监理协会或地方协会和行业监理专业委员会公布的信息为准。会员优良信用信息公开时限一般为两年；不良信用信息公开时限以政府规定的时效为准，公开时限内的信用信息为有效信息。

第九条　团体会员应：

（一）自觉遵守国家法律法规，履行《中国建设监理协会章程》；

（二）按照各自章程规定进行登记、年检、设立党组织，规范内部管理，及时整改有关部门检查中发现的问题，按照有关要求向登记管理机关和本会报送年度工作报告；

（三）按照本办法对其会员和中国建设监理协会会员进行信用信息采集、管理和上报；

（四）加强与各级建设行政主管部门及相关行政主管部门的联系，互通信用信息；

（五）受委托为会员提供有关信用书面证明。

本条所指团体会员是省、自治区、直辖市建设监理协会及行业监理专业委员会。

第十条　单位会员应：

（一）自觉遵守国家法律法规，履行《建设监理行业自律公约（试行）》和《建设监理企业诚信守则（试行）》；

（二）在有关招投标活动中，坚持诚实信用原则，公平竞争，不得弄虚作假、围标、串标，扰乱市场秩序；

（三）不得超越资质范围或挂靠承揽业务，不得出借资质证书及其他相关资信证明、转让监理业务；

（四）合法、客观、公平地开展监理工作；

（五）加强内部管理，开展廉洁执业教育，履行监管职责，完善监理人员行为准则，健全服务质量考评和信用评价体系；

（六）不得弄虚作假故意损害建设各方合法权益。

第十一条　个人会员应：

（一）遵守《建设监理行业自律公约（试行）》；

（二）遵纪守法，恪守《建设监理人员职业道德行为准则（试行）》，履行岗位职责，维护委托人的合法权益和公共利益，不损害参建各方的合法权益；

（三）不得隐瞒个人不良记录，不得转借、出租、倒卖、涂改个人证书，不得使用虚假证件或挂靠监理单位承接监理业务；

（四）遵守保密规定，履行监理工程保密义务；

（五）诚实守信，廉洁执业，不得以权谋私。

第十二条　有下列行为之一的，进行批评教育要求整改：

（一）团体会员：

（1）未按规定进行登记、年检；

（2）未按照要求向登记管理机关和本会报送年度工作报告；

（3）未按照本办法对其会员进行信用信息采集、管理和上报；

（4）未按要求为会员提供信用证明。

（二）单位会员：

（1）内部管理制度不健全，管理不规范，不能客观、公平开展监理工作；

（2）在有关招投标活动中，参与不正当竞争；

（3）瞒报、谎报信用信息；

（4）未遵守《建设监理企业诚信守则（试行）》。

（三）个人会员：

（1）违反《建设监理人员职业道德行为准则（试行）》；

（2）证书注册过程弄虚作假；

（3）有转借、出租、出借个人证书行为的；

（4）损害项目建设单位合法权益；

（5）违反《建设监理人员职业道德行为准则（试行）》的行为。

第十三条　不接受批评教育，或经批评教育仍未改正的给予警告。

第十四条　有下列行为之一的，开除会员资格：

（一）团体会员：

（1）登记、年检不合格、年度工作报告弄虚作假或被有关行政部门限制活动的；

（2）会员信用管理营私舞弊受到责任追究的；

（3）内部管理长期混乱，不能履行管理职责的；

（4）为会员开具虚假信用证明，造成恶劣影响的。

（二）单位会员：

（1）在招投标活动中弄虚作假、围标、串标，严重扰乱市场秩序影响恶劣的；

（2）长期挂靠承揽业务、出借资质、转让监理业务造成不良后果的；

（3）有失信行为，损害行业声誉影响恶劣的；

（4）自报信用信息弄虚作假，经批评教育仍不改正的；

（5）有《建设监理行业自律公约（试行）》和《建设监理企业诚信守则（试行）》禁止的其他行为的。

（三）个人会员：

（1）违背《建设监理人员职业道德行为准则（试行）》，损害监理行业形象，被有关部门追究行政责任的；

（2）转借、出租、伪造个人资格证书经批评教育仍不改正的；或被行政机关撤销注册的；

（3）因失职渎职行为受到行政机关或司法机关追究责任的；

（4）因其他违法行为受到司法机关追究刑事责任的。

第十五条　凡是受到警告、开除会员资格的，记入信用档案并在信用信息平台予以公示。

第十六条　不良行为记入信用档案，应当告知会员记入的事实、理由、依据及其依法享有的权利。无法取得联系的，可以通过本会网站公告告知，通过本会网站告知的，自公告发布之日起满15个工作日视为告知。

第十七条　会员对不良行为记入信用档案有异议的，可以在收到告知之日起15个工作日内向本会提出书面申请和相关证明材料。未提交申辩意见的，视为无异议。

本会自收到申辩意见之日起15个工作日内进行核实，作出是否记入信誉档案的决定，并告知申请人。

第十八条　本会建立健全会员守信激励机制。对信用好的会员，优先提供信息、技术服务、政策扶持和法律援助，支持其参与招标投标活动，优先推荐参加国内外行业交流活动，列入重点表扬范围。团体会员可以开具信用证明，也可以经批准免费开展评选诚信单位、诚信个人活动。

第十九条　团体会员依法依规开展信用情况的监督检查，监督检查结果作为会员奖惩的重要依据之一。

第二十条　会员应当参加信用评价。

第二十一条　会员对全国和省级及行业建筑市场监管公共服务平台上公开的信用信息有异议的，可以向信用信息的认定部门提出申诉，未予解决的，可以向所在地方、行业团体会员反映，经核实有误的，所在地方、行业团体会员向信用信息认定部门交涉提出纠正意见。

第二十二条　团体会员可按照本办法，结合本地区、本行业实际，制定本地区、本行业信用管理办法。

第二十三条　本办法由中国建设监理协会负责解释。

第二十四条　本办法自公布之日起实施。

中国建设监理协会会员信用管理办法（试行）实施意见

中建监协〔2019〕8号

为推进监理行业信用建设，规范会员信用管理行为，加强行业自律，进一步促进监理行业健康发展，中国建设监理协会制订了《中国建设监理协会会员信用管理办法（试行）》，现就《中国建设监理协会会员信用管理办法》提出如下实施意见：

一、中国建设监理协会会员信用管理工作，由中国建设监理协会与各省、自治区、直辖市监理协会和行业监理专业委员会、分会共同管理。

二、各省、自治区、直辖市监理协会和行业监理专业委员会、分会建立会员信用管理平台，与中国建设监理协会联网，实现信息共享。

三、各省、自治区、直辖市监理协会和行业监理专业委员会、分会对单位会员和个人会员诚信信用信息和不良信用信息进行采集、输入、管理。涉及重要表扬信息、严重不良信息，应及时书面上报中国建设监理协会。

四、各省、自治区、直辖市监理协会和行业监理专业委员会、分会可根据单位会员、个人会员工作需要为其开具信用证明。

五、各省、自治区、直辖市监理协会和行业监理专业委员会、分会，应当确定人员负责此项工作，根据各自实际情况适时申请与中国建设监理协会会员信用管理平台联网。

驻外使领馆项目监理心得体会
——河北中原工程项目管理有限公司海外事业部

刘习军
河北中原工程项目管理有限公司

摘　要：本文介绍了在阿富汗武装冲突、恐怖袭击的恶劣环境下，河北中原工程项目管理有限公司承接的中国驻阿富汗使馆建设项目，其监理部人员的职业操守与勇于担当精神，面对各种意想不到的艰难险阻，监理人员稳定各方情绪、加强组织协调管理、严把安全质量关口，最终保证工程如期高质量交付使用，极大地改善了使馆工作人员的生活和工作环境，赢得了中国驻阿富汗使馆领导的高度认可和公开表扬。

关键词：驻外使领馆　阿富汗　战乱　工程监理

引言

驻外使领馆是国家在驻在国办理外交事务的代表机构，它既是开展对外交往、展现国家形象的平台和窗口，又是驻外人员工作和生活的重要保障，被誉为“远离祖国的中国领土”。驻外使领馆建设项目是一个特殊的政府投资项目，政治意义重大，国际影响强烈。项目建设受经济危机、通货膨胀、货币贬值、战争或动乱、所在国的政局变化等外部环境影响巨大，同时要对特殊的气候条件、自然条件、场地条件、资源条件和技术条件等作好充分的应对措施，项目组织、协调管理工作尤为重要。在阿富汗的岁月让笔者受益匪浅，丰富了人生阅历，结交了战友伙伴，创造了精品工程。

一、项目概况及当地局势

中国驻阿富汗使馆位于喀布尔市中心，馆舍扩建项目在使馆院内，使馆东侧与阿富汗总统府相邻，南侧为阿富汗外交部，西侧紧邻巴基斯坦驻阿富汗使馆，地处政治敏感区。使馆现有办公楼、公寓楼、官邸综合楼等建筑均为 20 世纪五六十年代所建，条件非常简陋，使用面积和安全保障等都不能满足现在需要。馆舍扩建项目既为使馆工作人员提供一个好的工作和生活环境，也将成为展现国家综合国力的一个形象窗口。

提到阿富汗，给人的印象就是恐怖袭击、毒品泛滥、炮弹纷飞的场景。2015 年 1 月美军撤出后，塔利班丝毫没有“罢战言和”的倾向，反而士气重振，扬言即将赢得胜利。阿富汗安全力量与阿塔之间的鏖战也变得更加激烈和残酷，暴恐事件频频发生，伤亡人数急剧增多。面对如此复杂特殊的战乱环境，中国使馆驻外人员的安全和生活保障变得尤为重要，使馆扩建项目的建设就变得更加紧迫。

二、公司领导重视，组建强有力的项目监理部

河北中原工程项目管理有限公司是河北省唯一一家入库外交部驻外使领馆建设的咨询服务单位，是由河北省人民政府向外交部作出服务担保的企业，所承接的项目也是河北省政府和河北省住房和城乡建设厅关注的重点项目，公司的服务质量也代表了河北省的工程建设形象。多年来，公司一直把外交部的项目作为公司的头号工程来抓，从驻场人员的甄选，到监理方案的审定，以及服务过程的跟踪，公司总经理及相关职能部门都要严格把关、认真指导，对现场人员从工作到生活提供全面的支持和配合，保证人员稳定、工作积极，以确保项目建设的顺利进行。

2015 年 4 月，受外交部行政司委托，公司承接了驻阿富汗使馆馆舍扩建工程施工监理任务。公司领导高度重视，考虑到阿富汗特殊的地域战乱环境和建

设工期紧张等特殊要求，专门召开了驻阿富汗使馆馆舍扩建项目监理专题会议，讨论研究如何做好此项工程的监理工作。最后研究决定形成对此项目部署的3点要求：一是公司不计成本投入，超越外交部以往对监理的要求，越是困难越要把事情做好；二是所有现场监理人员必须具有丰富的境外工程监理经验且年龄不得超过45周岁，项目总监理工程师政治素质过硬，要求必须是共产党员；三是公司领导和各职能部门都要把外交部项目作为头号工程予以配合支持，提供好后台技术支持和家属的照顾管理。

实践证明，在公司领导的高度重视下，组建一支强有力的现场监理队伍对工程项目的顺利开展确实起到了非常关键的作用。

三、发挥党员作用，做好思想工作稳定各方人员情绪

回首在阿富汗工作的8个月，历经的点点滴滴，仍历历在目。

2015年8月31日，是笔者终生难忘的日子，当天笔者跟往常一样在施工现场认真工作，突然在距离使馆施工现场500米左右的地方，一辆堆满炸药的废弃汽车被引爆，传来振耳欲聩的爆炸声，场区像发生地震般地来回颤动，屋面瓦砾掉落、门窗玻璃被震碎，站在现场的我们也被冲击波推倒。看着不远处浓浓的黑烟，仍心有余悸，虽然来阿富汗工作前，已作好了充分的思想准备，也了解这里的主题永远是爆炸、武装冲突、恐怖袭击，随处是硝烟弥漫、战火纷飞，但亲身经历后才真正体会到生死一线的恐惧。

施工期内恰逢阿富汗政府举行总统选举，这段时间，塔利班武装分子变本加厉地制造恐怖袭击，试图破坏选举，喀布尔的爆炸声比以往更加频繁，枪声也明显增加，一时间血腥的阴影笼罩着所有人。接连不断的恐怖事件造成所有工作人员的情绪恐慌，甚至有人提出回国请求。整个施工现场人心浮动，紧张、焦虑、悲观、恐惧的工作情绪导致施工效率大大降低。

鉴于施工方出现的恐慌心理，我们和使馆领导一起积极研究应对措施：一方面发挥各参建单位共产党员的先锋模范作用，分人头抓思想工作。每个共产党员主动与分管的人员约谈，对其进行思想疏导，鼓励大家克服恐惧心理，积极主动地开展施工活动。另一方面，我们利用工作之余组织施工单位全体成员观看革命时期影片，通过影片教育所有施工人员，要学习革命先烈在炮火中冒着枪林弹雨奋勇冲锋的大无畏精神。

经过一系列的思想教育工作，施工单位所有人员慢慢克服了恐惧心理，都迅速地进入工作状态。整个施工期间再没有一人因恐惧提出回国申请，所有人员斗志昂扬积极施工，争取早日完成项目施工任务。

四、精心组织策划，作好进度控制

驻外使领馆项目由于其特殊的政治因素，重要的材料设备必须从国内采购运输到建设地点，材料设备确认、验货、发运环节多，材料设备不能及时发运到场是制约工程进度的主要因素。作为监理单位重点做好以下工作：

（一）加强国内组和国外组的工作联系沟通，以国内组为主，科学组织、精心策划，督促施工单位做好采购计划，抓好材料设备的确认、采购、发运计划的审核工作并监督按时实施。

（二）督促施工单位及早发运第一批货物，以便准确掌握发运时间周期和通关流程等，确保以后的材料设备运输能够及时到位。

由于阿富汗安全局势的持续恶化，阿富汗安全部门不断加强安保措施，在喀布尔市内多处新设关卡。项目清关后的货物在运往项目仓储所在地的途中，需要经过警察检查站的层层排查，禁止通行以及勒令货物全部卸车开箱、开袋的情况时有发生。海关工作人员、麻醉药品监督管理局，以及市政工作人员恶意执法，随意开箱验货，甚至将运输的货物无限期扣押，造成材料设备清关后还迟迟不能运抵工地现场，对工程进度影响极大。

根据多年的驻外监理工作经验，我们清醒地意识到施工货物是否及时到位是制约着工期的重要因素之一，笔者紧急召集施工单位管理人员召开会议，积极协商对策，并采取以下有效措施：

1. 货物清关及运输工作由专人负责；

2. 合理规划货物运输计划及时间；

3. 充分利用和驻在国的关系，协调使馆外务人员陪同施工单位与海关等政府部门谈判，取得当地政府的信任与理解。

事实证明，以上措施是针对当地特殊社会环境作出的最优选择。施工货物得以在最短的时间内、最低的运输成本下顺利运至仓库存放点。

另外，阿富汗恐怖事件频发，使馆区附近时常举行游行与示威活动。每逢重大活动，阿富汗当地武装警察便实行戒严，任何车辆禁止进出使馆区附近的道路。外部环境的不可控因素，导致材料设备不能及时运到工地现场、渣土不能有序对外运输，严重影响工程施工进度。

为此公司一方面与施工单位沟通，认真做好现场施工安排，尽量作到合理

有序地进行基础开挖工程；另一方面向使馆领导汇报，同时尝试各种途径与当地警察部门沟通协商。最后在使馆工作人员的协助下，费尽千辛万苦终于办理了特别通行证。施工渣土顺利外运，解决了项目进行中的一大难题，保证了施工进度。

面临施工场地有限，建筑材料无法囤积于施工现场的困难，经过与使馆及施工单位讨论协商，最后决定将施工材料运抵阿富汗后，随即转送至阿富汗科教中心仓储基地。根据合同材料需要以及施工进度安排，分时分批倒运至项目施工场地，这样就保证了施工的有序性、持续性和稳定性。项目材料供应充足、顺畅，为项目的顺利实施提供了坚实保障。

五、临危不乱，坚守质量底线

在阿富汗，安全感是最贵的奢侈品，到处是碉堡岗楼、防爆墙还有荷枪实弹的士兵。面对如此恶劣的施工环境，公司员工始终保持着积极的态度，坚持规范监理、过程控制的监理原则，坚持“诚实做人、一流服务”的企业方针，严格按国内规范进行质量把关。同时，重点坚守质量底线，加强对过程试验和隐蔽工程的验收管理。

（一）严把过程试验，确保工程质量

驻外使领馆项目重要的材料设备都是从国内采购运输到驻在国使用，材料的检验复试大多数已经在国内完成，但施工过程中的回填土、混凝土、砂浆等强度试验需要在当地委托试验单位完成。

针对阿富汗复杂的战乱局势，当地试验室能否认真进行工程试验有不确定因素，为了确保试验室能够很好地履行职责，提供真实准确的实验数据，监理单位必须对试验室工作进行控制和管理。

首先，在选定试验室之前，我们和建设单位、施工单位一起考察，确保选择一家好的试验单位。

其次，为了保证试验结果的真实性和准确性，公司与施工单位管理人员不定期一起去当地试验室进行试验抽查，从根本上保证了工程质量安全。

（二）严格隐蔽验收，加强预控管理

境外工程项目的一个特点是，施工单位管理人员少，一人多职，三级检验基本流于形式。面对战火纷飞的环境，施工单位的作业人员对工程质量有时会极度懈怠，应付心态严重。为此，监理人员提出“边施工、边验收、抓预控、少返工”的质量管理理念，在施工单位开始作业初期，我们就利用巡视检查及时发现问题，耐心细致地给施工作业人员进行讲解，保证按图施工的正确性。随着施工作业的进展，我们的质量验收随工序进行，发现问题及时纠正，最大限度地减少返工。

驻阿富汗使领馆馆舍扩建项目于2015年12月31日竣工完成，2016年7月顺利通过外交部验收组的验收，验收组对工程质量给予高度评价，工程质量达到国家优良工程标准。

六、初心不忘，砥砺前行，再创佳绩

驻阿富汗使领馆馆舍扩建项目8个月的工期，对于国内工程尚且紧张，在阿富汗这样的恶劣环境下，施工过程中处处出现意想不到的艰难险阻，也出现了国内施工管理中绝不会发生的难题。我们在现场与施工人员团结一致，面对困难共同应对，远在万里之外的公司领导时刻在关注着工程的进展，通过电话、邮件等形式，时刻与我们保持着联系，在工作中遇到的困难，一起分析面对，让笔者时刻感觉到不是一个人在战斗，身后有整个公司强大的后盾支持。

今年6月份，公司再一次接到外交部行政司的委托，负责实施驻阿富汗使馆防爆改造工程的监理任务，目前正在进行行前准备工作。对于再次赴阿富汗那片曾经战斗的土地，笔者已经作好了充分的思想准备，绝不辜负外交部和公司领导的信任和重托，为公司发展添砖加瓦，为驻外使领馆建设贡献自己的一份力量。

中华人民共和国大使馆
The Embassy of the People's Republic of China in Afghanistan

表 扬 信

河北中原工程项目管理有限公司：

贵公司负责监理的驻阿富汗使馆馆舍扩建工程于2016年7月14日顺利通过外交部验收组的竣工验收，工程质量合格，工期符合合同要求，安全文明施工情况良好，投资控制合理，达到国家优良工程标准。

贵公司派驻现场的监理工程师刘习军同志责任心强，吃苦耐劳，爱岗敬业，认真履行各项监理职责，科学规范监理。在当地安全持续不靖情况下，他不畏危险，亲自到供应商仓库等地进行原材料取样试验工作，保证馆建工程质量。在投资控制环节，他严格按照“科学、谨慎、客观、及时”的监理理念，对承包单位的每一笔工程款、每一份工程变更洽商费用进行认真审核，确保建设单位费用支出的合理性。

在此，感谢贵公司对我馆建设项目所作贡献，祝贵公司事业顺利，不断取得更大的成就。

中国驻阿富汗大使馆
2016年[illegible]月18日

监理在两河口水电站大坝工程中发挥的作用

钟贤五　韩建东
中国水利水电建设工程咨询西北公司

摘　要：两河口水电站是我国在建的亚洲最高土石坝，地处藏区，部分关键工程特性指标在国内外居同类型项目前列，技术难度大。监理单位从施工总体策划、技术管理、安全及环水保管理等方面不断创新，大大提升了监理在本工程建设中的话语权，发挥了应有的作用。

关键词：监理　作用　话语权　两河口水电站

一、工程概况

（一）工程概况

两河口水电站位于四川省甘孜藏族自治州雅江县境内的雅砻江干流上，枢纽主要建筑物包括砾石土直心墙堆石坝、引水发电系统、1条洞式溢洪道、1条深孔泄洪洞、1条竖井泄洪洞和1条放空洞。电站的开发任务为以发电为主，兼顾防洪。

两河口水电站水库正常蓄水位2865m，相应库容101.5亿m^3，具有多年调节能力。电站装机容量300万kW，多年平均年发电量为110.0亿kWh，为一等大（1）型工程。

两河口心墙堆石坝坝顶高程2875m，最低建基面高程2580m，最大坝高295m，为目前国内在建的同类坝型中的最高坝。坝体中央为直立心墙防渗体，心墙上下游坡度均为1：0.2，采用掺砾黏土料分层碾压填筑形成，坝体总填筑量约4300万m^3。

（二）工程特点与难点

两河口水电站平均海拔3000m，空气稀薄、气候复杂，人工和机械设备降效明显，大坝心墙在雨季和冬季可施工时间短。其中砾石土心墙堆石坝作为亚洲在建的最高的土石坝，其填筑方量为目前国内已建或在建的填筑方量最大的土石坝；坝址区地形高陡、倾倒变形发育，高边坡众多，其中200~300m级工程高边坡多达7个，300m及以上工程高边坡5个，为世界水电最大规模高边坡群；工程区为四川省地质灾害高发区，地质灾害防治压力大，枢纽区布置紧凑，上下左右交叉施工干扰突出，工程战线长、工作面分散，加之地处藏区，工程安全及民爆器材、危化品管理安全风险大。

二、重大工程中监理工作的探索需求

在我国，目前绝大部分工程监理单位从事的都是施工阶段的监理，虽然监理制度出台的初衷是做到“三控制三管理一协调”（指进度控制、成本控制和质量控制；合同管理、安全管理和信息管理；组织协调），但是由于体制原因，机制上不配套，监理的投资、进度、质量管理职能被异化，实际操作中绝大多数监理单位仅是以“质量监理为主”，很少有项目给予监理实行“三控制”，也没有给予足够的全过程监理的费用，因此长期以来，监理的“三控制三管理一协调”未能得到有效贯彻，且大多数项目中工程监理单位的话语权严重不足，与国际咨询工程师联合会（FIDIC）合同中的咨询工程师讲究的全过程参与有很大的区别。

随着我国社会的发展及工程建设环境的不断完善，在工程建设尤其是特大型项目建设中，因施工标段较多，主体工程工期紧张，加之普遍性存在低价中标带来的一系列问题，监理单位除做好“三控制三管理一协调”外，还应在进场之后的施工总体策划、技术管理、安全及环水保、协调等方面发挥更大的作用。在两河口水电站工程建设中，监理单位在以上工作中做了多方面努力尝试与创新，取得了较好的效果。

三、施工总体策划优化

（一）施工总布置优化

为满足招标文件要求，两河口水电站大坝标承包商经现场踏勘，结合工程地理位置、施工特点和难点，依据自身技术实力、施工管理水平和机械配套能力，借鉴以往类似工程积累的成功经验，较为合理地规划布置了施工道路、大坝反滤料及掺砾石料加工系统、混凝土砂石骨料加工系统、掺拌场、临时拌和楼、施工工厂及仓储系统、施工风水电系统、施工照明等总价项目。

在我国工程建设投标竞争激烈、普遍存在低价中标的大环境下，投标人为确保中标，施工总布置中的总价项目一般报价较低，因此中标后承包人对总价承包项目投入难以保证，积极性不高，其规模、质量、进度、安全及形象面貌往往难以满足主体工程的需要。

为提升承包人积极性，保证总价项目满足总体工程需要，西北公司两河口监理中心通过反复研究现场，根据各掺合场形成时间及掺合能力，结合土料、石料运输以及反滤料上坝、系统使用功效等综合因素分析，与业主一道积极推动大型临建项目的设计、施工优化，并组织国内知名专家论证评审后实施，保证了工期、质量，节省了投资。

1. 大坝反滤料、掺砾料及混凝土骨料加工系统建设优化

考虑到一道班沟场地形成时间晚及运距远（距离大坝心墙区10.98km）的问题，将原投标方案中一道班掺砾料加工系统取消，投标文件的瓦支沟处理能力1000t/h的反滤料及掺砾料加工系统分两期在庆大河1号楼渣场（距离大坝心墙2.2km）和瓦支沟2号楼渣场先后实施，处理能力不变；将原投标文件的瓦支沟2号楼渣场混凝土骨料加工系统从右岸调整至左岸，瓦支沟二期反滤及掺砾料系统与混凝土骨料加工系统粗碎车间共用，位置调整至运输道路途经的一冲沟处（做好必要的沟水处理，运输距离由投标的5.3km减少至2.2km），两个系统的主要车间布置在瓦支沟左侧道路硬基或边坡开挖形成的平台上，避免了不均匀沉降。

以上两个系统建设的调整优化，加快了系统建成投产，同时大大减小了运距，节约了成本，提高了承包商的积极性。

2. 庆大河掺和场布置优化

根据投标规划，大坝心墙掺砾石土料制备所用掺和场如下：

在以上3个掺和场中，一道班掺和场最先使用，至2017年10月方才开始启动庆大河掺和场，一道班掺和场距离大坝心墙最远，受场地面积、掺配设备、运输距离等因素的影响，心墙正式进入填筑高峰期后其供料强度得不到满足。

在西北监理中心的建议下，经参建四方研究讨论，同意承包商利用大坝上游堆石区及副坝填筑至EL.2658m时，在该平台范围内及副坝向庆大河方向先行规划布置一处场地，用作砾石土料的掺配使用；后期，待庆大河沟平台形成之后，再与之连通形成新的庆大河掺和场，新的庆大河掺和场将能承担大坝下闸蓄水前约270万m^3所有砾石土料的掺配备料工作。

庆大河掺和场的掺和料制备原材料运距最近，离大坝距离也最近，加快该掺和场先期部分形成时间及提高工程期掺和料掺配量与使用量，能大大便利填筑施工现场组织，缩短运距、节约投资，也为大坝2018年提前23天实现200年一遇度汛目标打下了坚实的基础。

（二）上下游围堰防渗墙提前施工

根据两河口水电站可行性研究报告，本工程计划于2015年11月初河床截流，2016年1月底完成上、下游围堰混凝土防渗墙施工，2016年5月围堰施工完毕。其中防渗墙施工工期仅

掺和场使用规划表　　表

项目	庆大河掺和场	瓦支沟掺和场	一道班掺和场
占地面积（万m^2）	6	6.7	3.58
使用时段	2017年10月～2020年10月	2020年12月～2022年10月	2016年10月～2022年12月
掺和量（万m^3，压实方）	159.7	92.4	134.3
掺和场距填筑面距离（km）	2.16~3.72	4.7~5.67	10.7~12.42

3个月，且施工刚好跨春节，根据其他类似工程经验，防渗墙、围堰填筑施工进度压力较大，质量难以保证。

此外，可行性研究计划2015年11月初截流，12月中旬进入基坑施工，2016年4月完成大坝基坑开挖，2016年5~9月进行大坝基础混凝土浇筑及基础处理，2016年10月开始进行坝体填筑。结合类似工程施工经验，5~9月进行大坝基础混凝土浇筑及基础处理，并具备大坝心墙填筑施工条件存在工期紧、任务重等困难。

在大坝标进场之前，在上下游围堰基础即挡渣堤已于2014年4月30日施工完成的情况下，两河口水电站西北监理中心积极建议业主在2014年枯水期提前完成防渗墙施工，2015年枯水期由后续进场的大坝标承包商进行围堰填筑，有效保障了防渗墙施工质量；同时2015年大坝标进场后，在保证质量的前提下，提前完成基坑抽排水、基坑开挖、心墙部位混凝土板浇筑、基础处理及心墙填筑，为顺利实现工程后续节点目标提供了保障。

（三）设置爆破协调中心

两河口水电站深处藏区腹地，是目前我国藏区开工建设规模和投资规模最大的基建项目，因工程所处位置等客观因素，无法实现全工区封闭施工。随着主体工程开工建设，爆破作业相邻单位多，作业交叉干扰大，由此带来的安全风险十分突出。基于此，西北监理中心根据公司多年项目管理经验，积极出谋划策，促使两河口水电站业主方成立了以西北监理中心为主体爆破协调管理中心，全面负责枢纽区各相邻标段及爆破影响范围内露天爆破作业的协调管理工作。爆破协调管理中心通过制定完善爆破协调管理办法，不定期召开爆破安全协调会议，及时协调解决存在的问题；建立各施工单位爆破安全管理人员及警戒点警戒人员档案并传至相关单位；督促责任单位经常性地对安全警报点设备检查和测试，发现问题督促责任单位及时进行维护和修复；审批、传递“爆破作业汇总表”至各爆破影响单位并告知注意事项；严格执行业主规定的警报时间，督促爆破指挥部准时、规范拉响预警警报、解警警报，并及时与施工单位爆破安全负责人保持联系；建立爆破管理档案，负责建立爆破台账，填写爆破安全日志，如实反映当日爆破安全协调和问题的处理情况；不定期检查爆破警戒卡点值守情况，对存在的问题及时向施工单位或责任监理单位发出整改通知单；督促各相邻爆破作业单位签订安全互保协议，并备案存档。

爆破协调中心的设置，较好地解决了两河口水电站多标段、多爆破点的相互影响、安全隐患大的问题，自开工以来，两河口水电站未发生因爆破作业不当造成的人员设备伤害，工程暂停施工等情况。

（四）创建质量样板单元、样板工程

为促进两河口水电站工程质量管理，充分调动各参建单位争优创先积极性，争创国家优质工程，在借鉴其他工程成熟做法之后，根据现场实际情况，西北监理中心积极献言献策，优化了两河口水电站样板工程管理办法。对原管理办法中样板工程以分部工程为对象，导致施工周期长，不利于过程评比、过程激励的问题，优化为样板工程以分项工程中的施工段、面为主（多个单元工程组成）。此外增加了样板单元、样板试验室、样板工作面评比，同类工程开展互相参观、考核评分机制；评比完成满足样板标准的及时发放奖励并兑现到直接管理人员及作业层，业主组织的季度、年度评先评优中相应项目给与加分，并颁发流动红旗。

该办法极大促进了参建单位加强质量管理、重视安全文明施工和工程进度控制，树立精品工程的意识，打造了质量亮点，形成“比、学、赶、帮、超”质量管理氛围。

四、技术管理提升

要充分行使“三控制三管理一协调”的职能，监理单位应优化监理人员知识结构，培养集技术和管理于一身的复合型监理人才。而监理技术管理的提升是加大工程监理话语权的重要一环。

在两河口水电站工程建设中，西北监理中心依托后方专家团队，深入研究合同及现场实际情况，结合工程特点，提出了许多经济可行的技术方法，优化了施工方案的施工资源配置，提高了施工效率，缩短了工期，降低了成本，提高经济效益，同时又确保完成了大坝工程建设预期的质量要求、使用功能要求和建筑成本目标。

（一）浅深层支护及时跟进

受两河口水电站左岸泄洪建筑物进口上部新增Ⅳ区变形体导致边坡开挖支护增高约260m、右岸边坡结构调整等原因影响，左右两岸高边坡群开挖、开工施工均有所滞后，且边坡开口线提高；为保证开挖标按期向大坝标交面，监理工程师提出采用阿特拉斯D7液压钻进行锚杆钻孔，较之投标文件的YT28气腿钻或QZJ-100B型潜孔钻钻孔速度由35m/台班增加至150m/

台班；采用履带式锚索钻机进行锚索钻孔施工，较之投标文件的锚固钻机钻孔速度由25m/台班增加至60m/台班，且操作人员较少，仅锚杆孔径略变大导致注浆量有所增加。锚索（锚杆或锚筋束）钻孔随梯段每次开挖高程下降出渣跟进造孔，造孔完成后，同步跟进下索、注浆工序。锚索的锚墩浇筑、张拉、封锚工序采取搭设简易、独立排架平台进行，避免了大面积承重排架搭设、拆除造成的时间耗费。

以上措施在少量增加投入的情况下，提高了锚索（锚杆或锚筋束）钻孔效率，节约了承重排架搭设、拆除时间，浅、深层支护紧跟开挖面，工程施工安全、质量受控，节省了工期，最终开挖工程标按可行性研究计划按期交面于大坝工程标。

（二）盖板混凝土施工优化

两河口水电站坝址区河谷狭窄、岸坡陡峻。作为砾石土心墙基础的混凝土盖板工程量虽然不大，但高差大，且大坝基坑左右岸坡上下游无通往心墙区的施工通道，受地形条件限制，修建的可能性小，混凝土施工难度极大，可供借鉴的工程经验不多。若按投标规划中心墙混凝土采取随坝体填筑面上升而上升的施工方案，心墙区施工将长期处于心墙填筑、混凝土浇筑、固结灌浆、帷幕灌浆上下交叉作业影响，相互干扰大，安全隐患突出，且投标规划对大坝左右岸中高高程混凝土施工材料运输、入仓手段考虑不够充分，不能满足工程顺利实施的需要。

鉴于以上原因，结合大坝左右岸各有EL.2640m、EL.2700m、EL.2760m、EL.2820m及坝顶EL.2875m（兼做后期交通洞）5层灌浆平洞，除坝顶灌浆平洞外，其余各层洞室断面均为3.0m×3.5m（宽×高）城门洞形。西北监理中心及时组织专家讨论会，给出了利用左右岸灌浆平洞作为混凝土施工通道的建议。

对比投标方案、左右岸边坡设置施工便道方案（明线方案）、左右岸灌浆平洞扩挖交通方案（洞线方案），与会各方一致认为洞线方案有利于加快施工、保证施工质量，拉开混凝土与灌浆施工、灌浆与心墙填筑区之间的距离，减少上下交叉作业影响，安全问题整体可控，混凝土浇筑对泵送、满管溜等设备的依赖小。按洞线方案施工后，大坝心墙盖板混凝土于2018年8月17日全部完成，较投标文件2020年7月31日完成时间提前23.5个月，安全质量受控。

（三）后方专家技术质量督导及外部考察借鉴

两河口水电站作为特大型土石坝工程，部分关键工程特性指标在国内外居同类型项目前列，技术难度大，为整合国内优势专业技术力量，推进两河口水电站建设顺利进行，业主单位在主体工程开建之初组建成立了两河口水电站特别咨询团，主要针对工程重大设计、施工技术问题进行预警及超前指导，施工过程中巡视检查指导，为两河口水电站工程建设保驾护航。

为更好地服务本工程，西北监理背倚西北院的支持，组建了西北院专家团队，负责为本项目提供技术咨询服务。西北院专家团队绝大多数人员参与过大型土石坝工程的设计和施工阶段咨询工作，比较熟悉和了解本工程的技术难题。为更好地为两河口水电站提供技术咨询服务，西北监理后方专家团结合两河口水电站特别咨询团的年度咨询工作，每年提前进行现场巡视、检查，通过自身敏锐的观察能力和决策判断能力，及时梳理存在的复杂技术问题和难题并提出咨询意见，再由业主特别咨询团共同问诊把脉，这为本工程的顺利实施提供了特别保证。

此外，为取长补短，少走弯路，两河口水电站西北监理中心与业主一道，加强了与国内同类在建工程的交流学习，分别赴糯扎渡水电站、长河坝水电站、乌东德及白鹤滩水电站参观学习，对两河口水电站的大坝反滤料及掺砾石料加工系统、砂石骨料加工系统、砾石土心墙填筑施工、抗冲磨混凝土施工技术等方面取得了宝贵的经验。

五、安全及环水保管理

（一）高边坡施工管理

两河口水电站坝址区地形高陡、倾倒变形发育，西北公司所监理的标段中200~300m级工程高边坡多达7个，300m及以上工程高边坡5个，均不同程度地存在立体交叉作业、高排架施工作业，安全风险大。

为保证施工安全，西北监理在承包商施工方案措施编制、讨论时，要求分级设置积渣平台、拦渣挡墙；对交通要道部位设置钢桁架棚洞；在必须同时施工的相邻高边坡之间依坡就势设置拦渣分流措施，以上措施有效保证了交通通行安全和施工安全。

两河口水电站边坡开挖一般每25m设置一马道，支护工程量大，因此钢管脚手架搭设普遍。根据我国《建筑施工扣件式钢管脚手架安全技术规范》JGJ 130–2011、《建筑施工门式钢管脚手架安全技术规范》JGJ 128-2010、《水电水利工程施工安全防护设施技术规范》DL 5162-2013、《危险性较大的分部分项工程安全管理规定》（住房城乡建设部令第37号），搭设高度24m及以上落地式钢管脚手架属于危险性较大工程，为保证施工安全，规范排架施工管理，西北监理中心从工程之初就严格要求施工单位脚手架专项方案必须组织专家论证，后方技术负责人签字审核后方能报送监理单位，经监理单位组织专家讨论、审批同意后再实施。脚手架搭设方案审批按最不利工况组合对脚手架受力计算进行复核，搭设标准必须符合工程强制性标准要求。严格执行脚手架材料使用制度，脚手架搭设人员必须具备架子工资质，同时脚手架严格执行使用前验收制度、使用安全管理制度。验收合格方可挂牌使用，脚手架搭设、拆除及使用过程中存在安全隐患时必须立即整改。以上管理措施保证了两河口水电站未发生脚手架施工不当造成的不安全事故。

两河口水电站工程招标发包时，前期开挖标不包括大坝坝壳填筑区范围内的开挖、清坡工作，枢纽区主体标段场交叉，大坝标紧张进行的基坑底部开挖工程、围堰工程、基础盖板混凝土工程、灌浆工程受到上部破碎岩体严重威胁，安全隐患大，每年6月至9月的雨季期间更为突出。鉴于工期紧、风险大，且大坝工程标承担施工任务重，仅凭大坝标一己之力无法在短时间内消除上述风险，为此，西北监理建议业主将大坝基坑心墙影响范围的上部危岩体、破碎岩体分担至相邻标段作为抢险项目，立即开始施工。业主方采纳了该建议，并及时组织场内相邻标段现场查勘，召开现场会议，分配布置抢险任务，包括喷锚支护、主被动网设置，限定了完工时间，最终各项排险工作顺利完成，保证了大坝标关键线路各项工作安全实现合同目标。

（二）土料场边坡永久支护

两河口水电站5个土料场为大坝心墙防渗体土料料源，其中西地土料场是唯一一个位于大坝下游的土料场，料源质量好，是大坝心墙接触黏土和一类土的重要来源，料场下方为当地西地村，其边坡支护、稳定极为重要。

根据招、投标文件，西地土料场开采边坡为1:1.5，施工期间由大坝标承包商随开挖高程下降及时进行浅层支护，保证施工期边坡稳定即可，永久支护待工程结束后由其他单位再进行施工。根据两河口特别咨询团专家意见，两河口水电站大坝心墙防渗体优先使用一类土，且一类土需挖干取净，料尽其用，因此西地土料场实际开挖坡比为1：0.75～1：1.0，远陡于投标规划坡比。此外，西地土料场开采期间，检查发现上部开口线附近存在一古滑坡体错动带。基于以上原因，为保证施工与下方村民安全及土料开采顺利进行，经西北监理与业主、设计沟通，立即由设计开展补勘工作，并出具永久支护设计文件，随后开展了西地土料场已开采完成边坡的支护工作，保证了工程安全及土料开采的顺利进行。

（三）安全生产费用使用管理

为认真贯彻执行国家安全生产的法律法规、方针、政策，规范两河口水电站建设工程安全生产费用支付与使用管理，建立安全生产投入长效机制，改善施工作业条件，确保安全文明施工措施费用做到专款专用，充分发挥其功效，保障安全生产，两河口水电站监理中心特别制定监理细则，明确了安全生产费用使用范围、流程。

1. 安全生产费用的确定与审批

1）安全生产费用使用必须按照招标文件所述项目专款专用。安全生产费用应采取“一事一批”原则进行立项、验收、支付程序。首先由施工承包商根据施工情况制定安全生产费用使用总计划、年度计划、季度计划。计划需列明拟投入安全生产项目、物资详细清单，安全生产费用计划所列支项目应符合安全生产合同费用清单中相关要求，并按照计划项目进行立项审批、实施和结算。

2）当业主或监理单位发现较大安全隐患时，需要采取安全措施进行防护的，承包商可以先实施、后立项。监理或业主单位可在安全检查纪要中明确，作为安全生产费用立项依据。

3）当发现非常紧急的危险源时，监理工程师可以口头指示承包人采取必要的安全措施，事后应补充书面指示文件作为安全生产费用立项依据。

4）承包人应按照“一事一报”的原则提交“两河口水电工程安全生产费用审批表”，经监理审核后实施。安全生产费用审批表内容包括方案简述、估算工程量、估算单价及估算费用、措施项目要达到的效果、实施时间及竣工时间等说明。

施工承包商在申报安全生产费使用时，应以“安全生产费用审批表”进行立项审批。安全防护措施设计图纸作为必要附件。

5）教育培训、检查评估、预案演练等不能用工程量进行立项的项目应按项进行立项，并注明估算投入费用，结算支付时应有照片、签名、资金投入的票据。

2. 实施及验收支付

1）在项目开工后第一期中期支付时，可按照合同约定预付部分安全生产费用，主要用于安全生产的各项准备工作。从第二期中期支付开始，从工程结算款中分期扣回。

2）安全防护措施施工过程中，由监理单位对其施工质量、进度进行监督管理，检查其与所定方案的一致性。

3）监理单位发现施工承包人未落实施工组织设计或专项施工方案中安全防护措施实施的，有权责令其立即整改；对施工承包人拒不整改或未按期完成整改的，监理单位有权使用责令停工、扣结安全费用工程款、罚款等手段，并及时向业主方报告。

4）安全施工措施完工后，施工承包人应及时通知监理单位组织验收，验收可邀请业主方安全环保部及相关部门、施工承包商参加，一起对施工质量、工程量进行检查验收，并现场填写工程量签证单，作为验收支付表的必备附件。责任单位应对安全措施进行经常性的检查、维护，并承担自身责任范围内的维护费用，其间若有变化以监理指令为准。

5）验收后由施工承包商在7天内填写“安全生产费用完工验收及支付表”进行审批。监理单位相关部门人员收到“安全生产费用完工验收及支付表”后应在7天之内处理完毕，审核完毕后转入当月合同清单结算支付。若有不同意见应及时告之相关单位。

6）安全设施标准化有关项目，承包商应按照标准化要求施工，不能降低安全设施标准，否则不予支付。安全标识牌项目的验收支付表中应附具体标牌安装位置表，否则不予支付。

7）安全生产费使用中所涉及的项目单价，原合同已有或类似单价的直接套用，新增单价则由承包人按中标报价计价原则编制，监理单位审核，业主单位审批。

8）“安全生产费用完工验收及支付表”审定所发生的金额原则上不应超过“安全生产费用审批表”估算金额。

9）监理应建立安全生产费用使用管理台账，做好安全生产费用的控制，实际结算金额应与年度计划基本相符。

10）根据合同规定，若安全生产费不能满足实际安全生产需要，施工承包人应增加必要的安全投入，其费用视为承包商已包含在相关报价中；若施工承包商履行合同完毕后而合同中安全生产费用未使用完，未经业主方同意，不予结算余额。

六、结语

在两河口水电站工程建设中，自西北监理中心进场以来，积极发挥自身主观能动性，以前瞻性的眼光、务实的态度，努力践行监理单位“三控制三管理一协调”职能，监理工作取得了足够的话语权，为两河口水电站工程作出了应有的贡献。但受我国工程建设监理单位普遍低价中标恶性循环影响，国内监理工程师在收入水平、人员素质、业务范围及话语权等方面与国际咨询工程师联合会，FIDIC合同中的工程师还有相当大的差距，我国工程建设监理发展仍任重道远。

深度解析研究《建筑电气工程施工质量验收规范》GB 50303—2015技术要点，明确设计、施工、监理实施要点

张莹[1]　张新伟[2]
1.北京凯盛建材工程有限公司；2.北京日日豪工程建设监理有限责任公司

摘　要： 本文通过深度解析研究《建筑电气工程施工质量验收规范》GB 50303-2015强制性条文，结合自2016年8月1日强制执行以来的实际工作经验，进一步明确设计、施工、监理实施要点及在工作中的注意事项。结合贯彻执行过程中发现的问题，弥补规范中的不足之处，为今后修订国标提供相关依据。

关键词： 建筑电气　实施要点　注意事项

一、新国标《建筑电气工程施工质量验收规范》的由来

住房城乡建设部（第994号）发布国家标准《建筑电气工程施工质量验收规范》GB 50303-2015，自2016年8月1日起实施，同时废除《建筑电气工程施工质量验收规范》GB 50303-2002，共有强制性规范17条，必须严格执行。

二、深度解析研究强制性条文的技术要点，明确设计、施工、监理实施要点及注意事项

（一）强制性条文1

3.1.5 高压的电气设备和布线系统及继电保护系统必须交接试验合格。

本条文中高压电器设备指变压器高压成套开关柜。布线系统指高压母线和电缆，继电保护系统指为控制和保护高压设备和布线系统的低压系统，交接试验指工序交接。更深层次的理解为：第一，应符合现行国家标准《电气装置安装工程电气设备交接试验标准》GB 50150-2016的规定。第二，高压变压器属于特殊产品，因此应特别注意生产、流通运输和消费使用环节监控。

【实施要点及注意事项】

依据施工设计文件和设备型号规格及制造厂规定，按交接试验标准编制试验方案或作业指导书进行施工验收，其中重点审核供电电网接口的继电保护整定参数值和计量部分，施工单位要取得工程所在地供电部门及设计单位的书面确认。方案或作业指导书经批准后执行，试验结果合格，经第三方检测单位出具书面合格报告后，变配电室的高压部分才应具备受电条件。监理交接试验时应旁站、审查交接试验报告，以试验合格作为判定依据。

（二）强制性条文2

3.1.7 电气设备的外露可导电部分应单独与保护导体相连接，不得串联连接，连接导体的材质、截面积应符合设计要求。

此条文作为强条定义不准确，用词不妥，应为“电气设备的外露可导电部分必须单独与保护导体相连接，严禁串联连接，连接导体的材质、截面积必须符合设计要求”。外露可导电部分是指设备上能触及的可导电部分，它在正常状况下不带电，但是在绝缘损坏时会带电，注意与“外界可导电部分”的区别，外界可导电部分指的是非电气装置的组成部分，且易于引入电位的可导电部分，该电位通常是为局部的电位。施工时应首先确认与电气设备连接的保护导体是否为保护导体干线，连接导体的材质、截面积是根据电气

设备的技术参数、所处的不同环境和条件进行设计和选择的。待标准修订时，应将“外界可导电部分”写入规范中，同时规定电压等级范围，原因是当使用安全电压（36V 及以下）或建筑智能化工程及相关类似用电设备，其外露可导电部分是否需要与保护导体连接，是由相关设计文件加以说明，否则与强条相抵触矛盾。

【实施要点及注意事项】

根据设计文件，正确区分保护导体干线与支线及连接导体，无论明敷或暗敷的保护导体干线，尽可能采用焊接连接，若采用螺栓连接，紧固件数量齐全符合规定的紧固力外，也可采用机械手段铆接，使其不易拆卸或用色点标示引起注意不能拆卸。连接导体坚持从干线引出，分别与电气设备地外露可导电部分连接处单独连接。至于连接导体截面积材质和规格在施工设计文件上应该明确标注，施工时按设计要求施工。监理应核对施工设计文件，目视检查电气设备的可导电部分以及“外露可导电部分”是否单独与接地端子连接，是否存在有两根以上的连接导体，如有的话，则有可能存在串联现象，拆除后用仪表测量邻近的前后端设备以及其他设备的外露可导电部分与保护导体的导通状态加以验证，从而进一步证明连接导体是否存在串联连接现象，作为验证合格为判定依据。

（三）强制性条文 3

6.1.1 电动机、电加热器及电动执行机构的外露可导电部分必须与保护导体可靠连接。

本条文作为强条定义欠妥，原因同 3.1.7 应补充电压等级范围、严禁串联连接，连接导体的材质、截面积必须符合设计要求的内容，本条指的用电设备，条文 3.1.7 是指电气设备，连接导体的截面积按本规范 3.1.7 条执行，设计时根据电气设备故障发生时能满足自动切断设备电源的条件来确定的。

【实施要点及注意事项】

合格的电动机、电加热器及电动执行机构等用电设备和器具，其外露可导电部分（外壳）都有带标识的专用接地螺栓，施工中要将保护导体干线或分支干线敷设至其附近，按施工设计文件要求选用连接导体连通，施工时要确保连接的可靠，螺栓拧紧，防松零件齐全。监理应目视检查电动机、电加热器及电动执行机构的专用接地螺栓处连接状况。必要时可用专用工具（力矩扳手）进行紧固检查或用万用表等仪表作连接导通状况测试，以检查或测试合格作为判定依据。

（四）强制性条文 4

10.1.1 母线槽的金属外壳等外露可导电部分应与保护导体可靠连接，并应符合下列规定：

1. 每段母线槽的金属外壳间应连接可靠，且母线槽全长与保护导体可靠连接不应少于两处；

2. 分支母线槽的金属外壳末端应与保护导体可靠连接；

3. 连接导体的材质、截面积应符合设计要求。

本条文作为为强条定义不准确，用词不妥，应为“母线槽的金属外壳等外露可导电部分必须与保护导体可靠连接，必须符合下列规定：

1. 每段母线槽的金属外壳间必须连接可靠，且母线槽全长与保护导体可靠连接必须大于或等于两处；

2. 分支母线槽的金属外壳末端必须与保护导体可靠连接；

3. 连接导体的材质、截面积必须符合设计要求。”

条文的可靠连接是指与保护导体干线直接连接必须采用螺栓锁紧紧固，每段母线槽金属外壳应连接可靠是指母线槽段与段和分支部分。母线槽金属外壳连接处有涂层，连接处两端做跨接并全长不少于两处与保护导体连接。母线槽金属外壳连接处无涂层，不需做跨接，母线槽的金属外壳作为保护接地导体，其与外部保护导体连接的导体截面还应考虑其承受预期故障电流的大小。特别需要注意“母线全长”应作定量要求，不能过长，待标准修订时，应结合 11.1.1 定义，“母线槽全长不大于 30m 时，严禁少于 2 处与保护导体可靠连接，全长大于 30m 时，每隔 20~30m 必须增加一个连接点，起始端和终点端均必须可靠接地”，注意修改后的规范不再强调母线槽支架的接地。

【实施要点及注意事项】

依据施工设计文件，将符合设计要求的保护导体干线引至母线槽附近，在母线槽组对安装过程中，先将母线槽金属外壳间用锁紧螺栓相互连接牢固，母线槽整段组装完成后再将母线槽与保护导体用锁紧螺栓做紧固连接。施工时，监理巡视检查，以符合本条文要求作为判定依据，接地导体的连接紧固度可用专用工具进行拧紧测试。

（五）强制性条文 5

11.1.1 金属梯架、托盘或槽盒本体之间的连接应牢固可靠，与保护导体的连接应符合下列规定：

1. 梯架、托盘和槽盒全长不大于 30m 时，不应少于两处与保护导体可靠连接，全长大于 30m 时，每隔 20~30m 应增加一个连接点，起始端和终点端均应可靠接地。

2. 非镀锌梯架、托盘和槽盒本体之间连接板的两端应跨接保护联结导体，保护联结导体的截面积应符合设计要求。

3. 镀锌梯架、托盘和槽盒本体之间不跨接保护联结导体时，连接板每端不应少于 2 个有防松螺帽或防松垫圈的连接固定螺栓。

本条作为强条，用词不妥，应为"金属梯架、托盘或槽盒本体之间的连接必须牢固可靠，与保护导体的连接必须符合下列规定：

1. 梯架、托盘和槽盒全长不大于 30m 时，严禁少于两处与保护导体可靠连接，全长大于 30m 时，每隔 20~30m 必须增加一个连接点，起始端和终点端必须可靠接地。

2. 非镀锌梯架、托盘和槽盒本体之间连接板的两端必须跨接保护联结导体，保护联结导体的截面积必须符合设计要求。

3. 镀锌梯架、托盘和槽盒本体之间不跨接保护联结导体时，连接板每端严禁少于 2 个有防松螺帽或防松垫圈的连接固定螺栓。"

本条强调的是梯架，托盘和槽盒（区别 10.1.1）。当梯架、托盘或槽盒为树枝状分布时，为保证其与保护导体有可靠的连接，则每个分支末端均必须与保护导体有可靠的连接。注意修改后的规范不再强调支架的接地（同 10.1.1）。同时注意用词的变动，不再有"桥架"用词。

【实施要点及注意事项】

依据施工设计文件要求，将保护导体干线引至施工设计文件标明的与梯架、托盘和槽盒连接处附近，待梯架、托盘和槽盒安装完成且电缆敷设前作接地连接。镀锌和非镀锌的梯架、托盘和槽盒连接板两端的连接要求应按本条文要求区别对待，但均需保持良好的电气导通状态。监理检查时，查阅安装记录，依据施工设计文件核对电缆梯架、托盘和槽盒与保护导体干线连接点的位置及目视检查连接状态，用仪表抽查非镀锌金属电缆梯架、托盘和槽盒连接处的导通状况，目视检查镀锌电缆梯架、托盘和槽盒连接板两端螺栓紧固状态。如施工设计文件标明在电缆梯架、托盘和槽盒底部内侧，沿全线敷设一支铜或钢制成的保护导体，且与每段桥架有数个电气连通点，则梯架、托盘和槽盒的连接板两端就没有必要再用保护联结导体进行连接。施工前，以符合设计要求、目视检查合格、用专用工具检查保护联结导体的连接紧固度为判定依据。

（六）强制性条文 6

12.1.2 钢导管不得采用对口熔焊连接；镀锌钢导管或壁厚小于等于 2mm 的钢导管，不得采用套管熔焊连接。

本条作为强条定义不准确，用词欠妥，应为"镀锌钢导管和非镀锌钢导管均严禁采用对口熔焊连接；镀锌钢导管和壁厚小于等于 2mm 的非镀锌钢导管，严禁采用套管熔焊连接"，条文中不得采用对口焊接指的是任何壁厚的镀锌钢导管及非镀锌钢管均不得对口焊接，熔焊会产生烧穿，内部结瘤，使穿线缆时损坏绝缘层，预埋后的渗入浆水导致导管堵塞。当壁厚大于 2mm 时的非镀锌钢导管可以采用套管焊接，钢导管管壁厚小于 2mm 时钢管严禁采用套管熔焊连接，该类钢导管可采用螺纹连接、紧定连接、卡套连接等。镀锌钢管严禁采用焊接熔焊法，在土壤中或消防电气配管及有特殊要求时，严禁采用薄壁钢管。

【实施要点及注意事项】

根据不同类型的钢导管制定不同的工艺规程，杜绝镀锌钢导管非镀锌钢导管对口熔焊和镀锌钢导管熔焊现象。对不同的规格非镀锌钢导管应执行相关标准采用相关工艺。监理以目视检查，以符合本条文规定作为判定依据。

（七）强制性条文 7

13.1.1 金属电缆支架必须与保护导体可靠连接。

条文中金属电缆支架是用于支持和固定电缆的支架，但不包括梯架、托盘或槽盒。是本规范是 个新术语。采用金属电缆支架敷设是与电缆梯架、托盘和槽盒敷设不同的另外一种敷设方式。由于金属支架与电缆直接接触，为外露可导电部分，所以金属电缆支架必须与保护导体可靠连接。建筑电气工程中供电干线电缆是在指电缆沟内和电缆竖井内敷设。

【实施要点及注意事项】

电缆沟内金属支架通常与保护导体干线作熔焊连接，施工时应先将金属支架安装完，然后沿金属支架敷设保护导体并将金属支架与保护导体进行熔焊连接。监理审查核对施工设计文件，确认保护导体干线，目视检查金属电缆支架应与保护导体干线直接连接，搭接长度符合要求，熔焊焊缝应饱满，焊接缺陷以符合设计要求、符合本条规定作为判定依据。

（八）强制性条文 8

13.1.5 交流单芯电缆或分相后的每相电缆不得单根独穿于钢导管内，固定用的夹具和支架不应形成闭合磁路。

本条作为强条用词不妥，应为"交流单芯电缆或分相后的每相电缆严禁单根独穿入钢导管内，固定用的夹具和支架严禁形成闭合磁路"，应正确理解单芯电缆，区别多芯电缆，在采用预制电缆头作分支连接或单芯矿物绝缘电缆在进出配电箱柜时，应理解为单芯电缆，单根独穿入钢导管内或用钢夹具和支架固定，无论全部或局部，单芯电缆外部都会形成一个铁磁闭合回路，当电缆通电运行时，引起钢导管或固定支架处发生强烈的涡流效应，不仅使电能损失严重，还会使三相电压不平衡程度增大，钢导管和固定支架将产生的高温，从而使电缆绝缘保护层老化破坏，更为严重的是会引发火灾事故。

【实施要点及注意事项】

施工前，应认真阅读施工设计文件，交流单芯电缆穿管时可选用非导磁性材料作为保护管，电缆固定可采用铝或铝合金或塑料材料制成的卡箍，防止交流单芯电缆敷设过程中在其外表面沿圆周方向形成铁磁闭合回路。监理以目视检查符合本条规定作为判定依据。

（九）强制性条文 9

14.1. 同一交流回路的绝缘导线不应敷设于不同的金属槽盒内或穿于不同金属导管内。

本条作为强条用词不妥，应为“同一交流回路的绝缘导线严禁敷设于不同的金属槽盒内或穿于不同金属导管内”，条文指的是当同一交流回路的绝缘导线敷设在同一槽盒内，当金属槽盒内的三相交流用电量不一致时，则产生的不平衡交流电流，引发的涡流效应，将使槽盒温度升高，导致绝缘导线绝缘老化。同一交流回路的绝缘导线不能穿于同一金属导管内，其作用相当于交流单芯电线单独穿于金属导管内，其危害程度与 13.1.5 相同。

【实施要点及注意事项】

在施工过程中应严格设计文件及变更手续审批制度，加强装修设计图纸的管理，施工时应按回路敷设或穿线，对金属槽盒内敷设的导线施工完成后要按回路进行分段绑扎，以确保同一交流回路的绝缘导线敷设于同一金属槽盒内或穿于同一金属导管内。此问题一般发生在改建、扩建及装修工程，施工时按照设计回路进行绑扎敷设施工。监理核对施工设计文件，目视检查合格作为判定依据。

（十）强制性条文 10

15.1.1 塑料护套线严禁直接敷设在建筑物顶棚内、墙体内、抹灰层内、保温层内或装饰面内。

塑料护套线直接敷设在建筑物顶棚内，易被老鼠等小动物啃咬，顶棚内检修时易造成线路的机械损伤。直接敷设在墙体内、抹灰层内、保温层内、装饰面内等隐蔽场所，导线无法检修和更换。未穿管保护，后期装修会因墙面钉入铁件而损坏线路，同时导线易受水泥、石灰等碱性介质的腐蚀而加速老化，造成严重漏电事故。待新标准修订时应正面定义为“塑料护套线用于隐蔽工程时必须进行穿管保护”。

【实施要点及注意事项】

施工时要按设计图进行配管，并及时检查管路的畅通状况，对发现堵塞的管路要及时进行修复或补配。配线工程应与装修工程同步进行，未做穿管保护的塑料护套线一般明敷设墙体表面，并应在粉刷作业完成后进行，敷设在建筑物顶棚内或墙体内等隐蔽部位必须穿管保护，同时进行工程隐蔽验收。施工过程中，监理目视检查，以符合本规范要求作为判定依据。

（十一）强制性条文 11

18.1.1 灯具固定应符合下列规定：

1. 灯具固定应牢固可靠，在砌体和混凝土结构上严禁使用木楔、尼龙塞或塑料塞固定；

2. 质量大于 10kg 的灯具，固定装置及悬吊装置应按灯具重量的 5 倍恒定均布载荷做强度试验，且持续时间不得少于 15min。

本条作为强条定义不准确，用词不妥，应为“灯具固定必须符合下列规定：

1. 灯具固定必须牢固可靠，在砌体和混凝土结构上严禁使用木楔、尼龙塞或塑料塞固定；

2. 质量大于 10kg 的灯具，固定装置及悬吊装置必须按灯具重量的 5 倍恒定均布载荷做强度试验，且持续时间严禁少于 15min。”

条文中定义不准确有以下几处：

1. 本标准“灯具”定义较乱，有“灯具，专用灯具，景观灯具”等，此处的灯具应指的是“组合吊装花灯灯具”，否则与普通筒灯、吸顶灯及标准中的其他有关灯具的条文相抵触。

2.“在砌体和混凝土结构上严禁使用木楔、尼龙塞或塑料塞固定”，仅仅限定以上 3 种装置远远不够。待标准修订时应正面定义为“安装组合花灯必须使用专用国定装置及悬吊装置”。

3. 标准中的“国定装置及悬吊装置”应作具体定义，并作为有相应认证的产品，否则难于贯彻实施。

本标准中载荷试验的强度作了修改，由原来的 2 倍升至 5 倍。组合吊装花灯灯具范围由原标准为形式划分，改为质量划分，质量小于 10kg 的灯具不要求作过载试验，是考虑其固定装置及悬吊装置性能保证，只要安装正确，均可承受 5 倍灯具重量的载荷。

【实施要点及注意事项】

对施工设计文件或灯具随带说明文件中指定进行安装，用手拉弹簧秤检测，国定装置及悬吊装置不应变形。对施工设计文件有预埋部件图样的灯具固定及悬吊装置，灯具安装前应将灯具全重 5 倍的重物吊于悬吊装置上，作恒定均布载荷强度试验，时间 15min，目视检查固定装置的固定点应无松动、悬吊装置变形等异常情况。请注意试验时过载悬吊用重物高度不要太高，一般离地 20cm 为宜。施工前，监理核对施工设计文件，抽查已安装灯具的固定件，参与固定装置及悬吊装置的恒定均布载荷强度试验的旁站检查，以符合本规范要求作为判定依据。

（十二）强制性条文 12

18.1.5 普通灯具的 Ⅰ 类灯具外露可导电部分必须采用铜芯软导线与保护导体可靠连接，连接处应设置接地标识，铜芯软导线的截面积应与进入灯具的电源线截面积相同。

灯具分为Ⅰ类、Ⅱ类、Ⅲ类。0类已取消。Ⅰ 类灯具的防触电保护不仅依靠基本绝缘，而且还包括基本的附加措施，即把外露可导电部分连接到固定的保护导体上，当外露可导电部分在基本绝缘失效时，防触电保护器将在规定时间内切断电源，不致发生安全事故。Ⅱ类灯具的防触电保护不仅依靠基本绝缘，而且具有附加安全措施，例如双重绝缘或加强绝缘，但没有保护接地措施或依赖安装条件。Ⅲ类灯具的定义为防触电保护依靠电源电压为安全特低电压，并且不会产生高于安全特低电压 SELV 的灯具，正常条件下不接地的灯具。

【实施要点及注意事项】

施工时认真阅读施工设计文件，核查灯具安全等级，对 Ⅰ 类灯具检查灯具外露可导电部分核查专用接地螺栓的符合性，根据灯具电源线的导线截面积等同选择接地铜芯软导线的截面积，接地铜芯软导线与保护导体干（支）线的连接应采用导线连接器或缠绕搪锡连接，且连接紧固。监理核对施工设计文件，以符合设计要求、目视检查合格、用专用工具检查接地铜芯导线连接可靠程度或必要时对灯具外露可导电部分的接地作电气导通试验，抽测合格作为判定依据。

（十三）强制性条文 13

19.1.1 专用灯具的 Ⅰ 类灯具外露可导电部分必须用铜芯软导线与保护导体可靠连接，连接处应设置接地标识，铜芯软导线的截面积应与进入灯具的电源线截面积相同。

本条定义欠妥，专用灯具分布面广，条文未对此作出具体定义，结合实际可根据用途不同分为消防应急照明灯具，游泳池及类似场所的水下灯具，橱窗内的霓虹灯具，屋顶上用的航空障碍标志灯具，手术台无影灯及建筑物景观照明灯具等。本条文与本规范第 18.1.5 条的条文说明一致。待标准修订时严格定义，并与 18.1.5 合并。

【实施要点及注意事项】

本条同 18.1.15

（十四）强制性条文 14

19.1.6 景观照明灯具安装应符合下列规定：

1. 在人行道等人员来往密集场所安装的落地式灯具，当无围栏防护时，灯具距地面高度应大于 2.5m；

2. 金属构架及金属保护管应分别与保护导体采用焊接或螺栓连接，连接处应设置接地标识。

本条作为强条用词欠妥，内容不全。应为“景观照明灯具安装必须符合下列规定：

1. 在人行道等人员来往密集场所安装的落地式灯具，当无围栏防护时，灯具距地面高度必须大于 2.5m；

2. 金属构架及金属保护管应分别与保护导体采用焊接或螺栓连接，连接处必须设置接地标识。”

若灯具安装高度低于 2.5m 时，灯具易与人们相接触，灯具表面温度较高容易灼伤人体。当灯具安装在金属构架上，其金属构架及金属保护管为外露可导电部分，必须做好设置接地标识，做好接地。待标准修订时应增加“安装在可上人的屋顶女儿墙上、人行道上、庭院地面上的景观照明，易受潮湿，必须选用防潮灯具”的内容，同时规定灯具类别。

【实施要点及注意事项】

区别灯具性质是否属于景观照明灯具，注意安装场所及其防护措施。施工前，监理核对设计图纸，以符合设计要求、目视检查合格、用工具检查接地连接紧固程度，必要时还要进行接地导通检验，抽测合格为判定依据。

（十五）强制性条文 15

20.1.3 插座接线应符合下列规定：

1. 对于单相两孔插座，面对插座的右孔或上孔应与相线连接，左孔或下孔应与中性导体（N）连接；对于单相三孔插座，面对插座的右孔应与相线连接，左孔应与中性导体（N）连接；

2. 单相三孔、三相四孔及三相五孔插座的保护接地导体（PE）应接在上孔。插座的保护接地导体端子不得与中性导体端子连接。同一场所的三相插座，其接线的相序应一致；

3. 保护接地导体（PE）在插座之间不得串联连接；

4. 相线与中性导体（N）不应利用插座本体的接线端子转接供电。

本条作为强条，用词不妥，应为“插座接线必须符合下列规定：

1. 对于单相两孔插座，面对插座的右孔或上孔必须与相线连接，左孔或下孔必须与中性导体（N）连接；对于单相三孔插座，面对插座的右孔必须与相线连接，左孔必须与中性导体（N）连接；

2. 单相三孔、三相四孔及三相五孔插座的保护接地导体（PE）必须接在上孔。插座的保护接地导体端子严禁与中性导体端子连接。同一场所的三相插座，其接线的相序必须一致；

3. 保护接地导体（PE）在插座之间严禁串联连接；

4. 相线与中性导体（N）严禁利用插座本体的接线端子转接供电。”

相线、中性线、保护接地导体（PE线）在插座间严禁串联连接，是为防止导线在插座端子处断线虚接、造成故障点之后的插座失去导线。建议使用符合国家标准《家用和类似用途低压电路用的连接器件》GB 13140–2008 标准要求的连接装置，从回路总线上引出的相线、中性线和 PE 线，单独连接在插座的相线。中性线和 PE 端子上。这样即使该端子处出现虚接故障，也不会引起其他插座使用功能。以 PE 为例“串联”与“不串联”做法如图 1。

待新标准修订时，应将条文 3、4 进行合并，统一定义为“相线、中性线和 PE 线严禁串联连接和利用插座本体的接线端子转接供电”。

【实施要点及注意事项】

插座接线前应判定接入导线的性质，PE 线、相线、中性线区分清楚，并按本规定进行导线连接。监理使用专用检验器或仪表抽测接线正确性作为判定依据。

（十六）强制性条文 16

23.1.1 接地干线应与接地装置可靠连接。

此条作为强条内容不完整，用词不妥，应为“接地干线必须与接地装置可靠连接”，变配电室及电气竖井内接地干线是沿墙或沿竖井内明敷的接地导体，预留用于变配电室设备维修和做预防性试验时的接地极，以及电气竖井内设备的接地极。待新标准修订应将引下线、接闪器的连接补充进去。

【实施要点及注意事项】

接地干线与接地装置连接必须采用熔焊连接和螺栓搭接连接，接地装置施工隐蔽前应按设计要求将接地装置引出线引至接地干线附近，并预留足够的搭接长度，同时应检测接地装置的接地电阻，检测方法按所使用的仪器仪表说明执行，检测合格后方可对接地装置进行隐蔽。接地干线与接地装置采用熔焊连接的应 3 面施焊，采用螺栓搭接连接的应不少于两个防松螺帽，并用力矩扳手拧紧。监理核对设计图纸，以符合设计要求且连接可靠为判定依据，目视检查熔焊焊接搭接长度，焊缝应饱满、焊缝无咬肉，无焊接缺陷。采用螺栓连接应紧固，锁紧装置齐全，螺栓连接用力矩扳手检查紧固程度，紧固力符合要求作为判定依据。

（十七）强制性条文 17

24.1.3 接闪器与防雷引下线必须采用焊接或卡接器连接，防雷引下线与接地装置必须采用焊接或螺栓连接。

本条为新增内容，是由于 23.1.1 的内容不完整，接闪器属于防止雷击的外部防雷装置，接闪器与防雷引下线或防雷引下线与接地装置要有可靠的连接。待标准修订是应将两条进行合并为“接地干线应与接地装置，接闪器与防雷引下线必须采用可靠连接。可采用焊接、卡接器和螺栓连接”。

【实施要点及注意事项】

施工时应先将接地装置和引下线施工完成，最后安装接闪器，并与引下线连接，这是一个重要工序的排列，不准逆反，否则有可能酿成大祸，若先装接闪器，而接地装置尚未施工，引下线也没有连接，建筑物将直接遭受雷击，引发严重事故。对利用屋顶钢筋网等符合条件的钢筋作为接闪器时，在板内钢筋绑扎后，按设计要求与引下线可靠连接，经检查确认后，才能支模。监理核对设计图纸，以符合设计要求且连接可靠。目视检查熔焊焊接搭接长度，焊缝应饱满，无焊接缺陷，螺栓连接用力矩扳手检查紧固程度作为判定依据。

结语

为了保证建筑电气施工质量，设计单位应严格执行国家有关标准，施工应严格按照已批准的设计文件进行，并应符合相应的标准技术规范及施工图集，强制性条文必须不折不扣地执行。验收过程严格按照规定的检查数量和项目进行检查，监理人员应充分做好事前、事中和事后三阶段的质量管理控制监管工作，确保工程质量达到预期功能和指标。

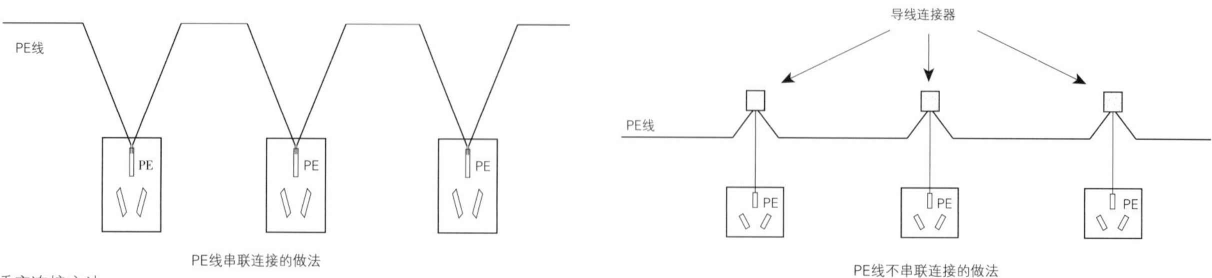

图1 插座连接方法

浅谈工序验收过程中监理应该把握“十个度”

吴三国
江苏人儿鼎工程项目管理咨询有限公司

摘　要：笔者在施工企业从事过施工技术及管理工作，担任过项目总工程师、项目经理；在工程监理咨询机构从事过监理工作，担任过驻地监理工程师、总监等职。就以往工序验收过程进行归纳总结及提出事前预防意见。旨在为监理人员如何把控工序验收提供参考思路。

关键词：工序验收　把握　度

“度”是指事物的有关性质所达到的程度，它是客观事物自身固有的，不是人们随意强加的。人们可以认识“度”、利用“度”，做到胸中有数，掌握适度的原则。凡事有“度”，是人们追求的理想境界。能否把握好工序验收“度”的问题，不仅关系和影响着每道工序的质量，而且也关系和影响着整体项目的效益。

一、把握好“零”度

“零度”是指在工序验收过程中，质量零缺陷、业主零投诉、施工单位零抱怨、零内耗、零腐败。工序验收的质量取决于对待验收的态度，做到真验收。有一种工序验收叫假验收，工序验收不是财富，有的工序验收成就了少数参与验收人员的财富，从而形成豆腐渣工程，也腐蚀了其他许多人。工序验收也不是筹码，一部分参与工序验收人员利用职权非法聚敛财富，在工序验收时享受着名车、美食甚至美女；工序验收过程更不是奢侈的过程，不是只供少数人享用的专利。工序验收不是深藏不露的矿石，需要经过勘探、采掘、精选、冶炼才能最终成为可用的器物。恰恰相反，工序验收就像阳光一样，存在于每个参与工序验收人的身边，每个人随时都可以按照相关验收依据提出各自的观点。

二、把握好制度

“制度”是指依据相关法律、法规、规范、标准、设计施工图、各类合同等，执行监理工序验收程序，对相应工序进行验收。

制度的生命在于执行，要一根竹竿插到底，不给工序验收制度打白条。在工序验收过程中，不凭经验，不凭阅历，不凭资历，只凭制度为准则。按制度进行工序验收，才能有尊严。制度是工序验收的前提，是基本，是工序验收质量的必要，是不能通融的，不可以讨价还价。工序验收过程出现问题，试问制度是否出现问题。制度才是真正贯穿工程实体施工质量生命线的保障，是工序验收的通行证。工序验收过程有问题，可以说就是制度中的“破窗”，这处“破窗”才是工序验收过程中我们检查的重点。按制度进行工序验收就是给施工工序成果“洗个澡”，除去其中的“垢”，还工序质量一个“清白”。参与工序验收人员要执行“抬轿子观念”，有节奏地一起发力，轿子方可有序前行。参与工序验收人员的目光是最好的“阳光”，要在“阳光”下验收。

三、把握好情度

“情度”是指工序验收过程，不是宽容的过程。监理作为工序验收参与者，不能“忍一时风平浪静，退一步海阔天空”，否则是对工程设计寿命期内的质量不负责。监理参与工序验收人员先要做到与被验收单位“零血缘关系、零地缘关系”。不能将“四个一式”验收模式（建设单位一人、监管单位一人、监理单位一人、施工单位一人）简化到“二个一式”验收模式（监理单位一人、施工单位一人）。甚至不对工序验收过程提任何问题，那么工序验收就会给你画上句号。为了一个“情”字，给了一次宽容，结果可能产生“蝴蝶效应”，丢失一个钉子，坏了一只蹄铁；坏了一只蹄铁，折了一匹战马；折了一匹战马，伤了一位骑士；伤了一位骑士，输了一场战争；输了一场战争，亡了一个帝国。要做到验收在当下，对人有情，对事要选情。

四、把握好程度

这里所讲的“程度”，是指工序验收对象的实际水平。验与收是一个对立统一的整体。在工序验收过程中，验收人员是主导，被验收部位是主体，要使工序验收质量达到预期目的，验收人员必须掌握工序验收部位的相关知识。不同专业不同部位应根据相应依据实施验收。必要时采取不同方法，分步验收，由重要部位开始，抓重点数据，不断提高工序验收人员知识和运用知识的能力。个别监理验收人员相关知识掌握不全面，对工序验收“度”把握不得当，造成工序验收形同虚设，导致工序验收质量不能保证，其结果可能引起参建各方的合同管理纠纷。工序验收具有操作性，工序之间具有两种关系，一是串联，二是并联。简单工序尽管是串联，其工序验收也可以合并，如，钢筋制作工序与钢筋安装绑扎工序。并联关系可以直接进行工序验收合并，从而提高工序验收效率，如，模板和钢筋安装绑扎。

五、把握好速度

“速度”是指工序验收语言表达的节奏。较好的语言修养和语言艺术，是做好工序验收的基本条件之一。工序验收的实践表明，验收过程中语言抑扬顿挫，能有效调节参与验收人员的中枢神经。验收人员绘声绘色，更能启迪参与验收人员的心智活动，从而使验收活动张弛有度，有起有伏，让参与验收人员在富有节奏和旋律的享受中，把验收情绪推向高潮。因此，在工序验收过程中，验收人员讲解验收情况的速度要做到快慢适中，缓急相宜。一般地讲，对重点工序、关键部位、难点的内容，语言要稳重，语速要放慢；对工序层次鲜明的内容，语言要简化，语速要快捷。

六、把握好难度

“难度”主要取决于工序难点的性质和多寡。难点则是验收过程中验收人员感到难验收，作业人员感到难施工的内容。而设计施工图纸中难点的部位往往不尽相同，这就要求验收人员对要点、难点、关键部位、特殊地方、重点工序要认真把握，区别对待。要“突出重难点，分段分步”进行验收，重难点工序就像一块硬骨头、一个拦路虎，在工程一开始就要提前准备，勇啃硬骨头，敢克拦路虎。不要因难而止步、因难而退缩。否则就会因为一处重难点工序验收而耽误整个工程建设推进。对重难点工序持续发力的同时，其他相关工序也要同步开始验收。我们监理验收人员要知难而进、迎难而上，勇挑重担，把困难当作垫脚石，突破技术难关，这样才能攻克拦路虎。是难点亦即重点的工序，要精细验收，全力突破；是难点非重点的工序，则一般验收，疏通即可。在指导作业人员理解消化图纸难点内容的过程中，验收人员要善于在已知与未知之间架桥设阶，铺石筑路，做到由易到难，由平到陡，由低到高，拾级而上，循序渐进验收。

七、把握好密度

根据量力性原则的要求，验收人员在工序验收过程中必须把握好信息量的密度问题。因为验收频率、验收密度的大小直接影响被验收单位人员心理感受变化的程度。验收频率、密度过大，验收重点就无法突出，难点就无法破解，施工单位就会因精神疲劳面影响验收效果；验收频率、密度过小，仅是蜻蜓点水，一带而过，作业人员则会因情绪松弛而导致工序施工质量得不到保证。验收人员在验收过程时，要做到疏密相间，科学合理，每次验收量不能过密，也不能过小过疏。对有利于突出重点，难点、关键的部位验收频率、密度要大些，力求精确、详尽；而对于非重点的内容验收频率、密度宜小些，力求简明、概括。采取合理验收结构，恰当地由近及远、由已知到未知、由简单到复杂、由易到难、由具体到抽象、由部分到整体地进行验收。

八、把握好广度

“广度”是指工序验收内容的涉及面。在验收过程中，对“广度”的把握有两种值得注意的倾向：一是验收人员验收多多益善，面面俱到，什么都验收，验收无边，纵向到头，横向到边，一收到底；二是验收人员验收缺乏广度，使相关知识变成彼此孤立的一个个碎片，工序验收过程中不能以纲带目，举一反三。这两种倾向都不利于工序验收效率的提高，而且施工单位会普遍存在抵触情绪。针对这种状况，验收人员对工序验收的内容要做到反复揣摩，精心策划、精心准备，既要全面又要有重点，在全面中突出工序验收重点，在重点中包含全面，保证验收内容的覆盖具有一定的广度。工序验收要做到广度，验收人员必须着力寻找施工图内容与相关法规、规范等知识的横向联系和相关知识的纵向结合，并紧密联系经济效益、工作效率的实际，适时引入源头活水，加深拓宽参与工序验收人员的知识面。

九、把握好精度

“精度”是指工序验收过程中的工序验收内容要准备，要精当和准确。验收内容提前准备是工序验收工作的重要环节之一。工序验收的成功与否、效果如何，往往同能否精确、巧妙而恰当地进行准备有很大关系。工序验收从传统的满堂验收转向针对性验收、从规范性验收转向实际能力验收，更体现了工序验收的意义和价值。工序验收中适时提出精致精确的问题，恰到好处地触及作业人员的兴奋点，能达到突出工序验收重点，突破工序验收难点，提示思路加深工序验收过程的理解，发挥验收人员主体作用，体现验收人员主导地位的目的。因此，工序验收在验收过程中切忌验收主题不清、验收依据数据不达意、观点荒谬、格调低下的解说。而要从工序验收既有知识传授，又有验收能力培养等多重工序验收任务的目标出发，把握设计问题的精度，使设计的问题思路清晰、验收语言表达准确、逻辑严密、合理得当，力求高质量、高水平工序验收。实现知识性、科学性、思想性有机统一的工序验收。不遗余力地重视工序验收细节的改进、改进、再改进，以不断提高工序验收质量控制成果。

十、把握好进度

“进度”是指工序验收的及时性及每个工序验收所用总时间。工序验收是工程验收的最小单位。及时进行工序验收，下道工序才能流水作业。工序验收具有针对性，对上道工序与下道工序可以清晰划分，监理可以进行平行验收，尽量减少独立验收，减少上序依次验收占有时间。监理工作主要是向委托方提供智力服务，主要成本是人员成本及工期成本。合理有序控制好工序验收进度，向快速验收要效益。

第一就是工序验收进度必须意识先行，后续工序才能有序地进行。一年之计在于春，“春种秋收”是一年辛苦劳作的遵循。“春种”即上道工序的种子能不能种好，对下道工序进度的“秋收”意义重大。第二，快速验收必须有超前的谋划和充足的相关知识储备；超前谋划是把握大局，掌握航向的关键，一定要有前瞻性、科学性、实用性，避免出现决策失误和计划不周密的情况发生。要在验收方案上做到优中选优。在验收部位做到布局合理，相互兼顾，同时针对施工进展情况，及时进行动态调整工序验收计划。这样才能为工序快速验收提供保障。

向快速验收要效益是监理企业管理的目标之一，这样既节约工期成本，也节约人员成本，同时加快了人员流动。要利用好进度这位“节约专家”。但是也不能一味地加快工序验收进度而忽视工序验收过程的质量安全。必须在“以质量保安全，以安全促进度，向进度要效益”的过程控制下，突出一个“稳”字，强化一个“优”字，才能换来一个“快”字。

结语

本文主要针对工序验收过程中，如何适时、适度、实用地把握“十个度”，才能真正做好工序验收。工序验收是工程施工过程中必有的程序，由于工序验收是在施工单位完成“三检”的基础上，由监理单位验收后完成的。如果能正确把握工序验收过程中的“度”，必然会从无序验收做到有序验收。

参考文献

[1] 王芮文．卓越源于理念[M]. 江苏大学出版社，2009.

矿山法地铁隧道防坍塌探讨

侯梦超　武兰勤
上海建通工程建设有限公司

摘　要：结合矿山法地铁隧道工程实例，对矿山法地铁隧道坍塌事故进行了地质原因、施工原因分析，并从设计角度、施工角度、监理角度提出了防坍塌措施和建议。

关键词：矿山法　地铁隧道　防坍塌　措施　探讨

引言

伴随着我国经济的腾飞和城市建设的迅猛发展，近几年城市轨道交通建设达到了一个空前规模，目前全国正在进行城市轨道交通建设的城市已达 20 来个。在城市轨道交通工程建设中，因水文、地质条件不同地铁隧道采用的施工方法也呈多样化，有明挖法、矿山法、盾构法、TBM 法等。其中矿山法地铁隧道多应用于北方地区岩石地层，在采用钻爆法开挖过程中，经常会发生掌子面坍塌甚至冒顶事故，不但造成巨额经济损失，影响施工进度，甚至会发生人员伤亡，故此矿山法隧道坍塌冒顶是工程建设者首要控制的工程风险。笔者作为工程监理参与了北方地区的地铁建设，下面结合工程实践对矿山法隧道防坍塌进行以下浅显的探讨。

一、矿山法隧道坍塌原因分析

（一）地质原因

1. 隧道穿越地质断裂带，岩石节理发育极易破碎，爆破后地层应力快速释放，岩石间拉应力不足以支撑自重而发生坍塌。

2. 隧道掌子面拱部上方围岩很薄，局部甚至不足 1m，围岩上部是淤泥质土或富水砂层或强风化岩等软弱地层，由于围岩的变形往往带有突然性[1]，在爆破振动、地下水影响下诱发突然坍塌。

3. 隧道掌子面拱部上方存在大型“水囊”，且距拱部很近，由于爆破振动或打设超前小导管孔时将其击穿，发生突涌引发坍塌。

4. 地层上软下硬或软弱夹层斜向贯穿掌子面，在地下水的侵蚀下，软弱岩层强度大大降低而发生滑塌。

5. 地质条件发生突变（如围岩由 Ⅲ 级突变为 Ⅴ 级）[2]，因地勘钻孔的局限性未能揭露，施工方仍按原围岩级别进行支护，形成弱支护不足以承受围岩压力而坍塌。

（二）施工原因

1. 爆破装药量过大，爆破振速严重超标，引起软弱围岩松动、掉块，甚至直接发生坍塌。

2. 爆破开挖进尺过大，如在Ⅵ级围岩中设计钢拱架间距为 0.5m，每次开挖爆破循环进尺不得超过 0.5m，施工单位为赶进度擅自将开挖进尺改为 1.0m，再加上 0.5m 的预留操作面，造成 1.5m 长度的软弱围岩凌空面未及时支护发生坍塌。

3. 爆破超挖过大，拱部出现大型空洞且未及时处理，喷混凝土后形成的初支硬壳层与围岩间仍存在间隙或空洞，长时间无支护的围岩在爆破振动、路面交通振动的影响下突然发生坍塌，初支结构无法承受巨大的荷载一起发生坍塌。

4. 超前小导管间距不按设计执行、打设深度不足（如设计要求 3.5m，曾出现检查发现仅 1.5m 的问题）、注浆停注不按注浆量及注浆压力双重标准严格执行，造成破碎岩层加固效果很差，在爆破后拱部以上围岩应力突然释放，岩石间拉应力不足以支撑自重发生坍塌。

5. 台阶法开挖时，上台阶拱架锁脚锚杆不按设计间距、长度、角度打设，且下台阶两侧同时开挖，拱脚未及时支垫长时间悬空，上台阶初支结构不能承受围岩压力而发生坍塌。

6. 初支结构喷射混凝土强度、混凝土厚度不符合设计要求，无法形成强有力的初期支护而发生坍塌。

7. 爆破后拱部有大块孤石或危石，进行处理时措施不当，引起孤石、危石突然坠落，牵动周边软弱或破碎围岩发生坍塌。

8. 设计要求二次衬砌紧跟初支结构的隧道段，未按设计要求执行，二次衬砌大大滞后于初期支护，长距离初支结构不能承受围岩压力而发生坍塌。施工中及时构筑二次衬砌，早日形成封闭式支承体系，加快围岩变形稳定过程，可有效地抑制围岩过度变形及塌方事故[3]。

二、矿山法隧道坍塌案例

（一）隧道拱顶上方存在大型“水囊”致坍塌案例

事故简述：2017 年 12 月 24 日 7 时，某矿山法区间右线大里程 K48+397.7 处，隧道拱部突然发生大股出水，水量约 200m^3，带出淤泥及建筑垃圾约 100m^3，泥水全部淤积在右线竖井内，事故造成 1 台小挖机被半埋，未造成人员伤亡。

事故原因：该段隧道洞身位于强风化花岗岩层，右线大里程 K48+397.7 拱顶上方存在大型空腔，杂填建筑垃圾，缝隙间满灌地下水。施工单位超前地质预报及地表物探工作不到位，未提前发现此大型“水囊”，在打设超前小导管管孔时将其击穿，水沿管孔涌入隧道，并带动周边强风化地层造成涌水通道不断扩大，直至突然坍塌。

（二）隧道初支背后存在空洞致坍塌案例

事故简述：2017 年 1 月 5 日 16 时，某矿山法区间开挖过程中发生已施工完毕的初支突然坍塌事故，坍塌长度约 6m，坍塌方量约 40m^3，坍塌部位距离掌子面约 10m。事故未造成人员伤亡。

事故原因：塌方段在爆破开挖时拱部超挖较大，喷混凝土后形成的初支硬壳层与围岩间存在空洞，未及时进行注浆处理。隧道上方为城市交通主干道，车流量很大。长时间无支护的围岩在爆破振动、路面交通振动的影响下突然发生坍塌，初支结构无法承受巨大的荷载而发生坍塌。

图1　坍塌后淤泥及垃圾涌入隧道

三、矿山法隧道防坍塌措施

（一）设计措施

1. 根据勘察报告，对隧道穿越断裂带、VI 级围岩、富水砂层等不良地质地段，当地表具备条件的情况下采取地表注浆加固措施，当地表不具备条件时，在隧道内采取全断面注浆加固措施。

2. 优化隧道线路设计，尽可能避免隧道穿越拱部上方围岩很薄的地段，必须穿越时，应采取加强锁脚锚杆、加长超前小导管长度、提高初支等级、缩小钢格栅间距等设计措施。

3. 与施工单位建立良好的沟通，并定期查看隧道掌子面地质情况，当发现地质发生突变或渗漏水突然增大的情况时应高度重视，及时采取增设系统锚杆、提高初支等级、缩小钢格栅间距、增设超前小导管注浆等设计措施。

（二）施工措施

1. 鉴于地质勘察的抽样性、不连续性，建议施工单位在进场后利用地质雷达进行地表物探，探测范围为矿山法隧道轮廓线两侧外 1m，沿线拱部以上至地表（地表有建构筑物区段除外）。采用[illegible]

图2　泥水淤积在右线竖井内

地表下 25m，通过地表物探可发现地表至拱顶是否存在大型空腔或“水囊”，一旦发现，及时联系设计制定相应处理措施并予以实施，消除地质隐患。

2. 项目部要提高思想认识，高度重视隧道坍塌风险。施工前根据地质勘察报告、设计文件、地表物探报告等资料进行矿山法隧道坍塌风险辨识，明确风险部位、风险等级，制定相应的预防措施和施工参数。风险辨识成果要向施工现场管理人员、作业班组做好书面交底。

3. 严格按“管超前、严注浆、短开挖、强支护、快封闭、勤量测”18 字方针组织矿山法隧道施工，施工管理人员必须加强施工过程自检、自验，发现问题及时予以纠正，并对班组进行处罚和再交底。

4. 施工中应利用 TRT 法结合洞内超前探孔做好超前地质预报。采用 TRT6000 型超前地质预报系统可探测掌子面前方 300m 内隧道洞身地质情况，如围岩风化程度、节理裂隙发育程度、围岩稳定性等，从而合理指导施工。鉴于地铁隧道多呈曲线型，且有纵坡，故此建议每次探测范围控制在 80m 内，以便能更好地揭示隧道地质情况。洞内超前探孔是对 TRT 法的合理补充和验证，尤其可探明地下水渗漏情况和拱部以上围岩情况。洞内超前探孔建议采用三点式布置。见图 3。中间 1 个探孔平行于隧道轴线方向打设，上部 2 个探孔应斜向上 10~15° 打设，以便能伸入拱部围岩。可使用 YT28 气腿式凿岩机钻进成孔，成孔直径 50mm，探孔长度宜不低于 10m。钻孔完成并用高压水、高压风进行清孔，露出孔内基岩侧壁，然后使用内窥摄像头深入孔内进行全孔地质观察。

5. 加强掌子面地质情况观察和判定，做好地质素描，内容包括掌子面正面及侧面稳定状态、岩层产状、岩性风化程度、节理裂隙发育程度（产状、间距、长度、充填物、数量）、涌水情况等。当发现地质条件与勘察报告发生较大差异或渗漏水量突然增大时，必须及时报告勘察单位、设计单位来现场查看，经联合“会诊”，制定出相应的针对性处理措施。杜绝凭经验判定，为保证工程进度，执意按原围岩级别擅自施工的行为。

（三）监理措施

1. 参与并督促施工单位做好开工前隧道坍塌风险辨识工作，对风险辨识成果进行审批，并对现场监理好书面交底。

2. 根据住建部 37 号令，从程序性、符合性、可实施性 3 个方面认真审查“隧道矿山法开挖专项施工方案”。方案经专家论证后，督促施工单位必须对专家论证意见进行补充、完善，并按程序重新报批。

3. 严把开工令关。未进行隧道沿线地表物探的或经物探发现有重大地质隐患未进行处理的不允许开工。

4. 建立重大风险安全生产隐患排查制度。由总监理工程师组织施工单位、监测单位每周定期进行联合巡检一次，检查重点是隧道掌子面地质情况，地表、管线及隧道监测情况，是否按设计施工，是否按方案施工等。现场专监每日进行一次巡查。发现安全隐患立即进行处置，出现重大安全隐患时，由总监理工程师报告建设单位并下发工程暂停令。

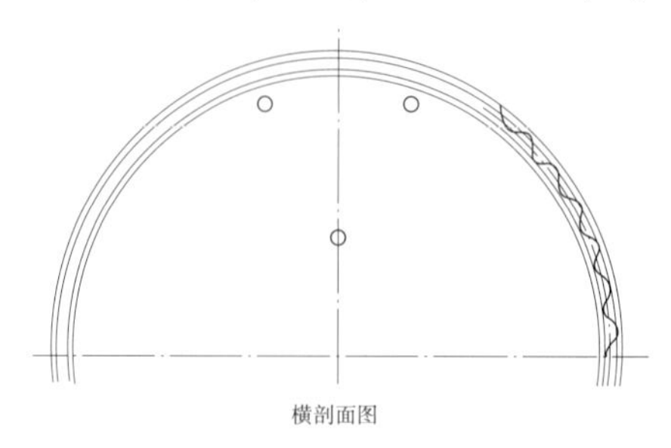

图3　超前地质探孔剖面示意图

5. 现场监理见证施工单位做好超前地质预报工作，包括 TRT 法及洞内超前探孔，对超前地质预报报告及探孔结果及时进行审查。地质专监对施工单位地质素描报告及时进行审查。对发现的异常地质情况及时报告总监理工程师。

6. 现场监理严格履行检查、验收把关之职责。严格控制爆破装药量、爆破振速、爆破循环进尺、小导管注浆压力及注浆量、钢格栅间距、每步开挖循环时间等施工参数，并做好超前小导管、系统锚杆、锁脚锚杆、钢格栅连接、纵向筋连接、网片搭接、喷射混凝土等各道工序质量控制，发现问题及时责令施工单位进行整改，必要时下发书面“监理工程师通知单”。

结语

矿山法地铁隧道坍塌事故频发，在施工中各工程参建方除采取各种措施竭力避免事故发生外，还要认真编制专项应急预案，并适时进行隧道坍塌事故抢险演练。隧道施工现场要备足各类应急抢险物资，放置在距离掌子面 50m 的位置。一旦发生坍塌事故，应立即疏散施工人员，在塌方位置上方地表或道路上布置警戒，同时积极组织抢险队伍在洞内采取抢险、加固措施，以防塌方扩大或发生次生灾害。

参考文献

[1] 马涛．浅埋隧道塌方处治方法研究[J]. 岩石力学与工程学报，2006.

[2] 刘泉维．硬岩地层地铁修建关键技术（一）[M]. 北京：人民交通出版社，2017.

钢管混凝土叠合柱施工工法在工程中的应用及控制要点简述

——青岛海尔全球创新模式研究中心二期工程实际应用总结

李玉学　仲新明

青岛明珠建设监理有限公司

摘　要：钢管混凝土叠合柱因其具有良好的抗震、抗火、抗爆、抗冲撞性能以及高强等优点，给我国建筑业到来了革新，而保证钢管混凝土叠合柱的施工质量控制成为结构安全性的关键点。

关键词：钢管混凝土叠合柱　工法　控制要点

一、工程介绍

青岛海尔全球创新模式研究中心二期工程，位于青岛市市南区东海东路以南，极地海洋世界以西。总建筑面积约35452.73m²，其中地上建筑面积约17695.75m²，地下建筑面积约17756.98m²。本工程为框架结构，其中柱梁全部为异形结构，而柱全部为异形倾斜钢管混凝土叠合柱。该工程由挪威斯诺赫塔（Snohetta）建筑事务所世界著名设计师罗伯特·格林伍德（Robert Greenwood）担纲设计，海尔集团董事局主席、首席执行官张瑞敏先生曾赋予它“冰山之角”的美名。该工程地上两层西北角一侧下降，与街道和谐融合，其余三个角则缓慢升高，可提供远眺海洋和地平线的空间。

二、工法特点

（一）该施工工法，工艺简单、易于操作。

（二）通过该工法的应用，使其在整个结构施工中不占用关键路线，明显缩短了工期。

（三）梁柱节点处，钢筋分层绑扎焊接，易于施工操作，保证了连接质量。

（四）管内管外分开施工，给施工人员提供时间和空间，易于保证施工质量，保证结构安全性。

（五）先进行钢管混凝土叠合柱施工，再进行梁板施工，叠合柱采用定型化模板，成型质量好，周转次数多，降低了成本。

三、工艺原理

采用“构件分步、钢筋分层”施工工艺，着重解决梁柱节点处钢筋位置关系、钢柱连接板标高、钢筋与钢构的连接等关键点。采用“构件分步”施工，先进行钢管混凝土叠合柱施工，再进行叠合柱上部的梁板施工；采用“钢筋分层”施工，通过钢筋的位置关系，分层分次序进行穿插钢筋，保证节点处钢筋的锚固及与钢构的连接，同时保证了主次梁的位置关系，避免了梁、柱钢筋错位，从而保证结构安全。

四、施工工艺及操作要点

（一）施工工艺流程如下

钢结构及梁柱节点深化设计 → 钢管混凝土叠合柱施工 → 框架结构钢管柱梁柱节点核心区施工

具体如下：

1. 钢管混凝土叠合柱的施工工艺流程

钢管柱钢管详图设计（深化设计）

→ 钢管加工、脚螺栓加工→ 柱脚螺栓预埋 → 柱脚螺栓下混凝土浇筑→ 钢管进场→ 钢管吊装 → 钢管柱脚二次灌浆浇筑 → 柱脚混凝土养护 → 钢管柱柱内混凝土浇筑 → 钢管柱柱筋绑扎 → 钢管柱模板支设 → 钢管柱混凝土浇筑 → 拆模、养护。

2. 框架结构钢管柱梁柱节点核心区施工工艺

1）钢管柱与框架梁采用连接板连接施工。

钢管柱施工→剔凿柱混凝土表面浮浆、柱筋浮浆 → 确认主次梁纵筋钢筋位置 → 主梁下部钢筋锚入柱子内或贯通 → 次梁下部钢筋下排筋锚入柱或贯通 → 次梁下部钢筋上排筋锚入柱或贯通（含不伸入支座的钢筋）→ 节点核心区锢筋绑扎、焊接 → 主梁上部钢筋与连接板焊接，穿贯通筋 → 次梁上部钢筋锚入或贯通 → 主、次梁锢筋绑扎 → 常规主次梁、节点区模板支设 → 混凝土浇筑。

2）钢管柱与框架梁采用环型梁施工工艺

钢管柱施工 → 剔凿柱混凝土表面浮浆，柱筋浮浆 → 确认环型梁标高，支环型梁及周边梁底部模板 → 环型梁底部钢筋及锢筋绑扎 → 框架梁底部钢筋锚入柱内或焊接连接板 → 核心区柱锢筋绑扎 → 环型梁腰筋及上部筋绑扎 → 框架梁上部筋搭在环型梁上部筋上锚入环型梁内或焊接连接板 → 框架梁锢筋绑扎 → 梁柱核心区模板支设 → 混凝土浇筑。

3）首节钢管柱安装工艺

混凝土面清理凿毛 → 调整预埋螺栓螺帽标高、螺栓位置 → 核对钢管柱标记基准线 → 吊装就位 → 就位调整、临时固定 → 垂直度、标高、角度调整 → 柱脚二次灌浆 →混凝土叠合柱施工

4）二节及以上钢管柱安装工艺

核对钢柱 → 标记基准线 → 吊装钢柱安装螺栓临时固定 → 调整垂直度及角度 → 钢管坡口熔透焊接 → 探伤检测

（二）施工方法及控制要点

1. 钢结构及梁柱节点深化设计

辨识钢结构重点、复杂节点，并对其深化。如本工程中，钢结构角部连接、直钢柱与斜钢柱交汇处、钢柱与钢梁、钢柱与框架梁等均是需要深化的重点部位。尤其是与框架梁连接时，遇到钢筋叠加情况，连接板标高的确定极为重要。

提前解决钢筋水平交会问题，明确梁柱钢筋连接方式及焊接长度。

2. 钢结构加工质量要求

钢结构构件由有资质的钢结构制作厂家在后台采用机械加工而成，钢材、焊接材料、螺栓等应有质量证明书。型钢钢板制孔，采用工厂车间制孔，严禁现场气割。钢管柱焊缝采用全熔透剖口焊接，应达到一级焊缝要求。焊接前应将构件焊接面油锈等杂物清除干净，焊工持证上岗。施工中确保现场钢柱拼接和梁柱节点连接的焊接质量、坡口形式尺寸。焊接后要按一级焊缝标准进行探伤试验。

3. 预埋地脚螺栓

主要是要控制好标高、位置。螺栓预埋前要先做好模具，采用 L80×50×6 的角钢将预埋螺栓固定为一个整体，预埋螺栓标高应保证钢管柱脚下部留不少于 50mm 长螺杆，以便在柱脚下安装调节螺母，调整钢管柱垂直度及标高。

地脚螺栓的埋设精度，直接影响到结构的安装质量，所以埋设前后必须对预埋螺栓的轴线、标高及螺栓的伸出长度进行认真地核查、验收。

混凝土浇注过程中，安排专人负责监控。发现轴线偏移立即配合土建，进行纠偏。

4. 钢管柱安装

1）首节柱安装

（1）安装前对钢管柱进行全面复核，确保钢管柱外形尺寸、螺孔位置、连接板方向等全面准确无误。调整螺帽的垫片上表面标高到柱脚下表面标高。

（2）首节钢管柱安装前对预埋螺栓处的混凝土面进行凿毛并清理干净，否则后期很难清理到位，对钢管柱质量会产生严重影响。

（3）钢柱调整标高时采用水准仪及柱脚下部调整螺母。先在柱身标定标高基准点，水准仪测定基差值，旋动调整螺母以调整柱顶标高。

（4）钢柱垂直度调整是利用两台经纬仪分别架设在钢柱的纵、横轴线上，作垂直交会，并结合柱脚调整螺母进行调整。在施测过程中不允许只是将纵、横轴线的中心点移到望远镜的十字丝上，而将定位钢板转动。

（5）柱脚浇筑采用高强无收缩灌浆料。柱脚混凝土浇筑后达到终凝，具有一定强度后方可进行钢管柱钢筋绑扎。

2）二节及以上柱安装

在第二节钢柱安装前，首先将各主要控制轴投测到一层板面上，并弹出墨线，用钢尺校核同一方向相邻两主要轴线间间距。用全站仪检测互相垂直的交角是否为直角，如投测无误，再把各轴线用钢尺分出。并在一层板面上弹上线，以便校核第二节钢柱使用。

第二节钢柱安装测量控制的方法是采用借线法以及四周边柱一个方向直接观测进行校正。

由于焊接时，考虑到焊接使钢骨收缩，而致使柱子偏移，所以必须随时监测并同时校正垂直度。

5. 钢梁安装

1）当钢柱初校完后，需安装钢梁。梁柱之间用高强螺栓连接，在连接安装过程中，将会影响钢柱的垂直度，因此必须进行安装校检。

2）螺栓初拧之后，需要终拧。终拧同样将会对钢柱垂直度有所影响，为了保证钢柱安装精度的要求，需作进一步的校测。校测后的测量数据作为节点连接参考依据。

3）终拧之后，下道工艺是焊接，焊接之后的焊缝将会收缩。因此，焊接之后，要进行焊后复测，复测结果符合规范要求方可进行下节柱吊装。

6. 高强螺栓安装及紧固

1）高强度螺栓连接副组装时，螺母带圆台面的一侧应朝向垫圈有倒角的一侧。

2）高强度螺栓不能自由穿入时，不可用冲子冲孔，更不可将螺栓强行打入。该孔应用铰刀进行修整，修整后孔的最大直径应小于 1.2 倍螺栓直径。修孔时，为了防止铁屑落入板迭缝中，铰孔前应将四周螺栓全部拧紧，使板迭密贴后再进行。严禁气割扩孔。

3）高强度螺栓的紧固

构件按设计要求组装并测量校正、安装螺栓紧固合格后，开始替换高强度螺栓并紧固，高强度螺栓紧固分为初拧、复拧和终拧。高强度螺栓的初拧、复拧和终拧应在同一天完成，间隔时间不得超过 24h。

7. 钢筋绑扎

先绑扎钢管柱周围钢筋，再绑扎梁钢筋。

注意主次梁绑扎顺序：两端均是钢管柱时，配筋时要精确计算钢筋长度，合理确定钢筋接头长度位置，留出 20~30mm 的调节空间。特别是机械接头，施工时要从一端向另一端逐跨进行，防止钢筋在牛腿上焊接后，跨中无法进行接长。焊接前主筋下部保护层垫块要预先垫好，钢筋放平，防止跨中钢筋下垂。

梁柱节点处的柱锢筋随梁钢筋绑扎时穿插绑扎，注意钢筋次序。

8. 环型梁节点钢筋绑扎

1）确定钢筋穿插及绑扎顺序。分层绑扎，分层焊接，焊接经验收合格后方可进行下道钢筋穿插，避免返工，梁口处附加锢先不绑扎，待梁筋穿插完毕后再进行调整及焊接。

2）环梁内框架梁锢筋的绑扎。在绑扎过程中，梁截面高度不同，当框架梁在环梁之上或之下位置时，仅有部分梁与钢柱相连，框架梁在环梁内部分锢筋绑扎采用开口箍进行绑扎，成型后搭接处焊接，焊缝长度单面焊 10d，双面焊 5d，且一个锢筋只能有一道焊缝。

3）附加锢筋的绑扎。附加锢筋的绑扎是钢筋工程的施工难点，尤其是 135° 弯勾由于其与二排主筋及大、小箍筋的位置交叉密集，施工中较难保证质量，因此附加锢筋采用 90° 弯钩，搭接处焊接，焊缝长度 10d，且一个锢筋只能有一道焊缝。

9. 钢管混凝土叠合柱混凝土浇筑

1）先浇注钢管内的混凝土，然后浇注钢管外的混凝土。管内混凝土采用自密实混凝土，由上口灌入，同时在侧壁轻敲钢管促进密实。

2）斜柱进行管外混凝土浇筑时，分别在斜柱上中下三段各设置一个放料口，分段浇筑，防止只从柱上口灌料导致的混凝土中石子和砂浆分离，造成混凝土不密实。在浇筑过程中需要不断敲击模板侧壁，促进密实。

3）钢管混凝土内混凝土浇筑完成后，初凝前，便可进行钢管柱外侧混凝土浇注，标高控制在梁底标高以上 20~30mm 位置，拆模后，及时采用塑料布包裹养护，同时在梁底标高以上 5mm 的位置弹线，采用切割机切割边缘，然后剔除混凝土柱表面松散石子和浮浆，并清理干净。

4）由于梁柱节点一般钢筋非常密，为保证混凝土柱浇筑密实，采用小粒径混凝土（直径在 2~2.5cm 左右），并采用 30 型插入式振捣棒振捣。浇筑时，派专人敲打模板检查混凝土密实度。通过以上措施可以取得良好成型效果。

五、质量控制要点

（一）施工时严格执行《混凝土结构工程施工质量验收规范》GB 50204–2015、《钢结构工程施工质量验收规范》GB 50205—2001 等相关规范规定及设计文件要求。

（二）材料质量控制

1. 材料保证措施

所选用的钢材必须有出厂合格证等质量保证资料，同时要求进厂的钢材必须经复试合格后方可使用。

混凝土需提前进行试配，确定配合比，使用商用混凝土进场时要有出场合格证，并按规定留置试块。

2. 工程材料的施工质量要求

施工前应对材料、设备的材质、规格、型号等进行核对，核对无误后，严格按照设计要求和施工规范进行施工。

在工程施工时，需要充分做好施工准备工作，密切配合各专业协调施工，以便做好工序交义和搭接工作，确保安装一次到位，避免返工。

（三）钢结构质量控制

1. 安装控制

1）严格按照钢结构安装方案和技术交底实施。

2）严格按图纸核对构件编号、方向，确保准确无误。

3）安装过程中严格工序管理，做到检查上工序，保证本工序，服务下工序。

4）钢结构安装质量控制重点：构件的标高偏差、位置偏差、垂直偏差要用测量仪器跟踪安装施工全过程，使偏差在规范允许范围内。

5）缆风绳必须固定在地锚上或稳定的固定物上。

6）构件就位前对构件清理和焊口清理以及高强螺栓连接摩擦面的清理须仔细认真。

2. 测量控制

1）钢结构定位基准线的投测与标高水准线的引导必须进行复核。

2）钢结构校正过程需要配合安装部门跟踪测量，保证结构偏差。

3）结构焊接过程需要进行跟踪测量，对焊接变形进行过程监测，积累数据，为钢结构安装提供依据。

3. 高强螺栓控制

1）构件摩擦面抗滑移系数必须符合设计要求。

2）严格按批准后的高强度螺栓连接施工技术规程实施。对班组进行专项技术交底。

3）设专人检查高强度螺栓的施工质量和初拧、终拧标记。

4）认真落实高强度螺栓的现场管理。由专人提料、核料、发放和回收，并做好登记工作，以确保高强度螺栓使用型号、位置正确。

5）高强度螺栓的紧固与焊接的关系：初拧－终拧－焊接。

6）所有高强度螺栓连接在施工前，均要分批进行复验，不合格品不得使用。

7）高强度螺栓的紧固轴力或扭矩系数以及螺栓楔负载、螺母载荷、螺母与垫片硬度必须符合规范要求，高强度螺栓及构件摩擦面完好、无油污。

4. 焊接

1）焊接前必须检查焊口尺寸及其清理情况，合格后方可施焊。

2）预热：焊前对坡口及其两侧各100mm 范围内的母材进行加热去污处理。

3）装焊垫板，引弧板，其表面应清洁，垫板与母材应贴紧，引弧板与母材焊接应牢固。所有采用埋弧焊的焊缝端部，均要使用引弧、收弧板。

4）焊接时不得在坡口外的母材上打火引弧。

5）第一层的焊道应封焊坡口母材与垫板之连接处，然后逐道、逐层累焊到填满坡口，每道焊缝焊完后，都必须清除焊渣及飞溅物，出现焊接缺陷应及时磨去并修补。

6）板厚大于 36mm，应按规定预热和后热，CO_2 气体保护焊当风力大于 2m/s 时，构件焊口周围及上方应加遮挡，手工电弧焊风速大于 8m/s 时应设防风棚或其他防风措施。

7）一个接口必须连续焊完，如不得已而中途停焊时，再焊前应重新按规定加热。

8）焊接材料、工具、机械及其他辅助材料必须有产品合格证，并按技术要求使用。

9）CO_2 气体纯度不低于 98.5%，含水量应小于 0.05%。焊接重要结构时纯度不低于 98.9%，含水量应小于 0.005%。瓶内气体压力低于 1MPa 时应停止使用。

10）正式焊接过程中，如果定位焊有裂纹则应铲除重焊，以免造成隐患。

11）不合格焊缝应进行返修，返修次数超过两次的焊缝，须制定专项返修方案。

（四）钢筋工程质量控制

钢筋工程质量保证重点有钢筋原材、制作加工、钢筋连接、绑扎定位和配合机电留洞，杜绝随意切割钢筋等现象。直螺纹加工应执行《钢筋机械连接技术规程》JGJ 107–2016，钢筋端头必须平整，加工后的丝头应用通规、止规抽检。梁柱钢筋的锚固需要按照设计和规范规定进行锚固。

（五）混凝土工程质量控制

控制混凝土配合比、改善混凝土浇筑工艺、加强振捣、加强养护。

结语

青岛海尔全球创新模式研究中心二期工程结构设计复杂，墙柱多为异形结构，且柱全部为钢管混凝土叠合柱，钢管混凝土叠合柱施工工法的应用能够有效地保证构件整体性，梁柱节点处钢筋绑扎和焊接质量，达到设计锚固要求，保证结构安全性，同时能够保证钢结构与梁的连接质量和整体性，优化施工工艺，而且节省了工期，降低了成本，从而达到了良好的效果，获得了业主方一致好评。

参考文献

[1]《钢管混凝土叠合柱结构技术规程》CECS 188–2005.

[2]《钢结构焊接规范》GB 50661–2011.

[3]《建筑工程施工质量验收统一标准》GB 50300—2013.

[4]《混凝土结构工程施工质量验收规范》GB 50204–2015.

[5]《建设工程监理规范》GB/T 50319–2013.

BIM技术在机电安装监理中的管理应用

周涛　陈峰
河南创达建设工程管理有限公司

摘　要：近年来随着BIM（建筑信息模型）技术在我国建筑行业中不断推广，BIM技术的深入应用已是机电安装行业实现精细化、工业化的必由之路。本文以某住宅项目为例，在整个机电安装施工过程中实现了通过BIM技术开展碰撞检查、管线综合优化设计、施工交底、机房优化、工程量统计等应用，有效地促进了项目精细化管理，为项目带来了显著经济效益，给机电安装的监理工作提供了重要的工具支撑。

关键词：BIM　机电管综优化　机房优化　精细化施工

前言

建筑信息化模型（BIM）的英文全称是 Building Information Modeling，是一个完备的信息模型，能够将工程项目在全生命周期中各个不同阶段的工程信息、过程和资源集成在一个模型中，方便被工程各参与方使用。通过三维数字技术模拟建筑物所具有的真实信息，为工程设计和施工提供相互协调、内部一致的信息模型，使该模型达到设计施工的一体化，各专业协同工作，从而降低了工程生产成本，保障工程按时按质完成。BIM 模型通过整合工程各类相关信息，在项目的策划、设计、施工、运行与维护、改造与拆除的全生命周期过程中进行信息共享与传递，使工程技术人员对各种建筑信息作出正确和高效应对，为设计团队以及包括建筑运营单位在内的各方建设主体提供协同工作的基础，在提高生产效率、节约成本和缩短工期方面发挥重要作用。

一、工程概况

某住宅小区项目由19栋住宅（32~33层），户数2568户，总建筑面积25716m^2。地下车库面积80363.99m^2。本项目原设计图纸设计深度不够，存在大量的“错、漏、碰、缺”问题，深化设计难度大，专业覆盖面广，涉及暖通、给排水、消防、电气等多个专业，管线复杂，专业交叉施工协调难度大，项目各参与方协调、配合困难。基于以上原因，为了减少返工、优化施工方案、缩短施工周期、消除现场问题、减少人工材料机械浪费、避免物业管理数据不全，因此采用 BIM 技术进行深化设计、工序与工艺优化、施工指导、物资管理、成本管制等施工阶段的各业务过程。工程项目监理任务重，工作难度大，BIM 技术很好地解决了监理工作中的难题。

二、BIM技术应用点

（一）碰撞检查

机电安装工程在施工管理中存在的难题主要在于机电管线深化设计复杂，二维设计非常容易出现管线打架现象，在传统施工方式下返工的概率非常大，且分散的二维图纸修改麻烦，若业主有设计变更，则需要大量的修改，工作量非常大，不仅造成人力、财力浪费，还将延误工期。

在施工前，采用 BIM 技术，针对结构模型进行实地测量后，将机电各个专业和结构整合在统一的平台上，进行机电各专业间及与结构间的碰撞检查，提前发现施工现场存在的保温层、工作面、检修面等碰撞和冲突，解决图纸问题，减少设计变更，大大提高施工现场的生产效率。

（二）管线综合优化

通过 BIM 技术，将各专业管线的位置、标高、连接方式及施工工艺先后进行三维模拟，按照现场可能发生的工作面和碰撞点进行方案的调整，最终实现方案的可施工性，调整的过程中要考虑到设计规范和施工规范，在现场施工之前对管线重新排布，这样就将原来需要实际改拆的工作运用电脑实现，不仅省时省力，还大大节约了成本，避免了材料的浪费。

通过土建结构和安装多专业模型合成，对地下车库进行管线综合优化排布，根据调整好的综合模型自动筛选出净高不符合设计规范的空间位置，并利用自动出剖面图辅助优化，有效地避免后期施工完成后再遇到净高不足的问题。

（三）综合支吊架设计

综合支吊架技术针对管线复杂繁多，管路交叉较多，施工工期较紧的建筑有良好的实施效果。型钢支架及扣件（带锁紧锯齿）可以实现拼装构件的刚性配合，连接无位移，无阶调节，定位精确。抗冲击及振动，增强支架节点的抗剪能力。安装速度是传统做法的 6~8 倍，制作安装成本下降 1/2。同时各专业和工种可交叉作业，提高工效，缩短工期。具有良好的兼容性，各专业可共用一支吊架；充分利用空间，可使各专业的管束得以良好的协调。

（四）细部做法 BIM 交底

安装过程中各专业的细部做法根据标准图集设计出对应的 BIM 模型，有利于指导施工班组标准化施工。通过模型导出的平面图、剖面图及三维图纸，指导现场放线、安装，进行技术交底，最大限度避免因图纸理解错误引起的返工。

（五）质量检查

现场管理人员使用 Autodesk A360 移动端 APP，将模型加载到 Pad 上，通过查询模型构件属性信息，快速发现现场质量问题并指导工人整改，特别是管线安装复杂部位，工人是否按照要求施工一目了然。

（六）管预制

BIM 技术是实现机电安装工业化的重要技术手段。BIM 技术为水管道、通风管道的预制提供了基础条件，预制可以是在工厂预制，也可在现场设预制场地预制。

工厂化预制首先要用 BIM 技术进行管综优化，减少原图纸的错误，使预制件真正做到零碰撞、零错误、零拆除，减少现场测量、现场加工，提高工作效率。

（七）机房深化设计

机房的布置首先应满足生产工艺、运行程序的需要，设备的布置要合理紧凑，节约用地，减少基建及运行费用，便于维护、管理。还要避免机组运行时产生的噪声和排放的烟气对环境的不利影响。避免管道进入设备区、机房施工，出现管线交叉拥挤无法排布、施工保温无空间、个别管线支架无法固定的情况。优化了管道排布，设置联合支吊架。分

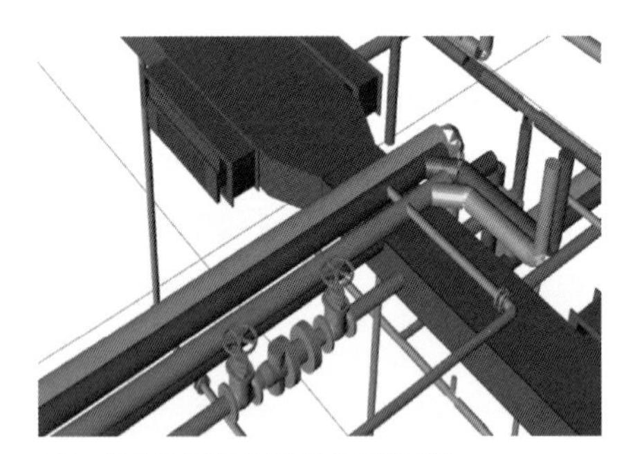

图1　给水机房管道与防排烟风管碰撞

图2　地下车库综合支吊架设计模型

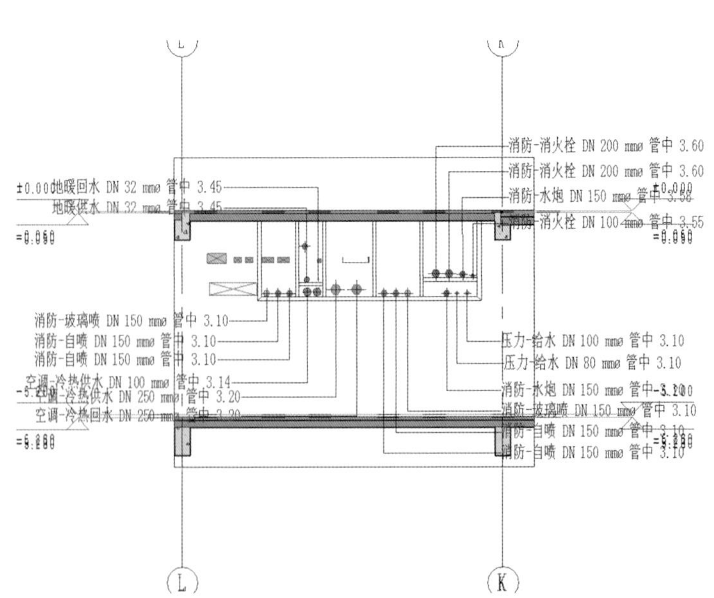

图3　地下车库综合支吊架设计剖面大样图

/ 集水器的出 / 进水口位置按优化后的管道系统位置进行调整，增加预留口。各类机械设备与厂家沟通核对，对设备基础的大小及位置进行了较大的调整。尤其是冷却水泵原设计是按端吸泵考虑走管的，实际用的是双吸泵，要求空间更大。最终使得各系统管道排布合理顺畅，层次分明美观，空间利用率较高。走廊空间、设备位置、施工难度之间达到平衡，有效提高了施工质量与速度。

（八）工程量统计

传统的工程算量需要手工测量和统计，或使用专业造价计算软件辅助，无论哪种都需要消耗大量人工来提取 CAD 线条信息等准备工作。而 BIM 模型本身便是一个富含工程信息的数据库，想要查看的工程量即时可得，本项目中通过筛选 BIM 模型构建，能快速查询到想要知道的现场安装工程量，为变更评估、后期结算提供了有效依据，避免因人工统计失误带来的损失。

结语

本项目从投标阶段就应用 BIM 技术，着力实现工程施工 BIM 全生命周期应用。通过在图纸会审、施工模拟、方案论证、管线综合、技术交底、质量管理等多方面应用 BIM 技术，将设计问题提前解决，将复杂节点可视化，提高了管理人员和操作人员的质量意识及操作技能，多维度提高了工程质量，有效地降低施工成本，实现了项目的精细化施工的监理工作。

图5　现场施工人员利用Pad检查BIM实施成果

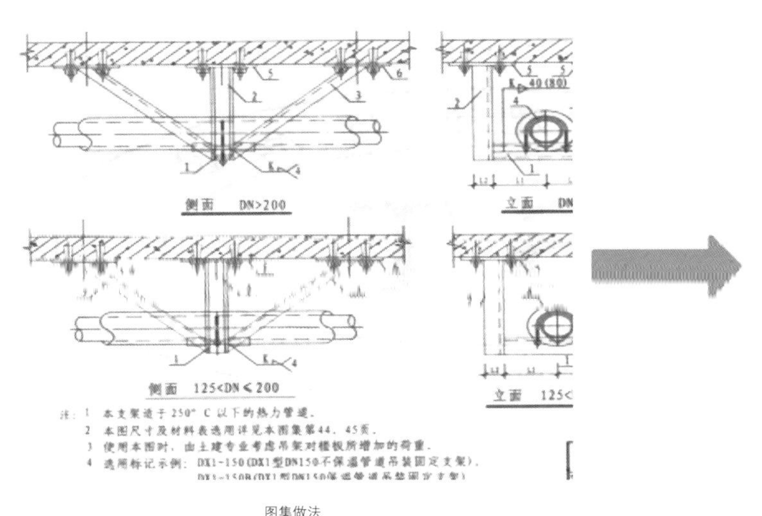

图集做法

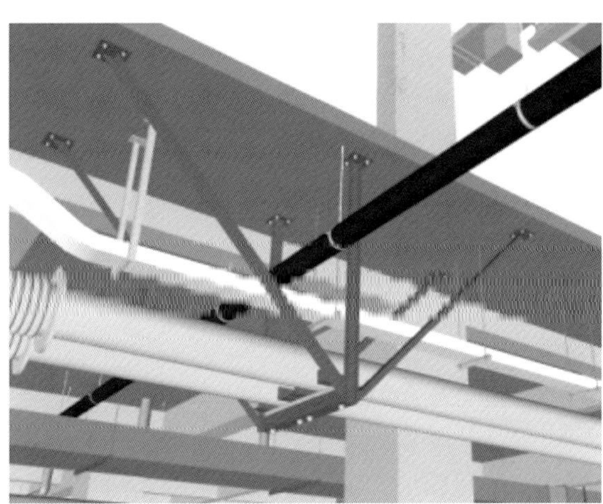

地下室支架设计图

图4　利用图集标准化模型进行细部交底

浅谈回弹法检测混凝土强度在实测实量中的应用

宋永革
山西神剑建设监理有限公司

摘　要：根据实测实量工作中使用回弹法检测混凝土强度的一些问题，通过对回弹法的优缺点进行比较，分析出了影响检测精度的原因，提出了解决办法，并据此改进了混凝土强度评价方法，通过在工程项目中的应用，总结了回弹法检测混凝土强度的流程和方法，为回弹法在以后实际工作中的应用起到了很好的借鉴作用。

关键词：实测实量　回弹法　强度评定　指标　流程

引言

近年来随着对建筑质量要求的提高，实测实量在各施工企业迅速普及，混凝土强度作为一项重要指标成为必测的项目。回弹法作为一种无损检测方法，具有操作简单、使用方便、成本低的优势，在实际操作中被大范围采用。但其检测结果的精度较低，受各种因素的影响较大，且需要借助技术规范提供的测强曲线来计算，对于特殊地区和特殊环境中的混凝土检测，或当混凝土表层质量和内部质量不一致时，采用回弹法检测会有较大误差。实测实量要对混凝土强度合格与否作出判断，必须本着严谨的态度，客观分析各类影响因素，才能得出正确的结论。

一、现场检测存在的问题

华北地区属于寒冷干旱地区，在日常检测工作中经常出现回弹强度不高的现象，若考虑碳化深度、测强曲线得出推算值则强度更低，特别是墙、柱等竖向构件。总结了部分检测项目实体，这些建筑构件均为竖向构件，检测时龄期为 30±2d，统计比较回弹强度推定值与标养试块强度（图 1，图 2）：

从图 1 中可以发现混凝土标养强度都大于回弹强度推定值，差值为 4~26MPa 不等，其中差值 5~15MPa 区段占比最大，达到了 74%，详见表 1。图 2 对应图 1 统计了标养强度与回弹强度推定值的对比情况，可以看出，标养强度和回弹强度推定值的曲线规律一致，标养强度高的，回弹强度推定值也高，标养强度低的，回弹强度推定值也低。说明两者之间高度相关，回弹法是可以反映混凝土实际强度的，只要通过合理的修正，完全能够得出比较准确客观的评价结果。

一段时间之后对部分项目进行抽检，发现回弹强度均有所提高，但增长速度各不相同，有的部位已经达到了设计强度值，有的部位仍未达到。为保证统计口径一致，笔者选择了龄期 80±5d 的混凝土回弹强度推定值，与上一次检测值及设计强度值进行比较（图 3）。可见，随着时间的推移，混凝土强度均稳步增长，对于增长缓慢的构件需加密检测次数，持续关注。

标养强度与回弹强度推定值差值分布表　　表1

差值范围	0~5MPa	5~10MPa	10~15MPa	15~20MPa	＞20MPa
个数	3	26	27	10	6
占比	4%	36%	38%	14%	8%

二、影响回弹法检测精度的原因

（一）混凝土施工及养护的影响

《混凝土结构工程施工质量验收规范》GB 50204–2015 中提出了等效养护龄期的要求，即按日平均温度逐日累计不小于 600℃ /d 对应的龄期，这说明养护条件对混凝土表面强度有影响，养护条件好，混凝土内外水化热反应才比较同步，混凝土均匀性才好，混凝土的表面强度与内部强度接近，此时测出的混凝土表面强度才具有代表性，回弹法才适用可靠。

笔者所在的华北地区，气候干燥，冬季寒冷且历时较长，不利于混凝土强度增长。实际施工中由于重视程度不够、措施不得当，对混凝土浇筑、养护工作不到位，可能造成混凝土表面水分流失，水化反应不充分，表面强度降低，从而对回弹法检测混凝土强度产生影响。这就要求施工方在混凝土浇筑及养护过程中必须采取有效措施，保证混凝土内外的理化环境一致，特别是竖向构件，对拆模后的养护要格外重视。

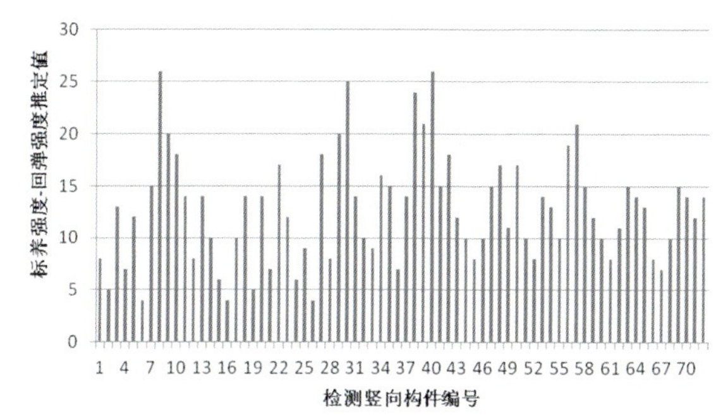

图1　标养强度与回弹强度推定值差值图

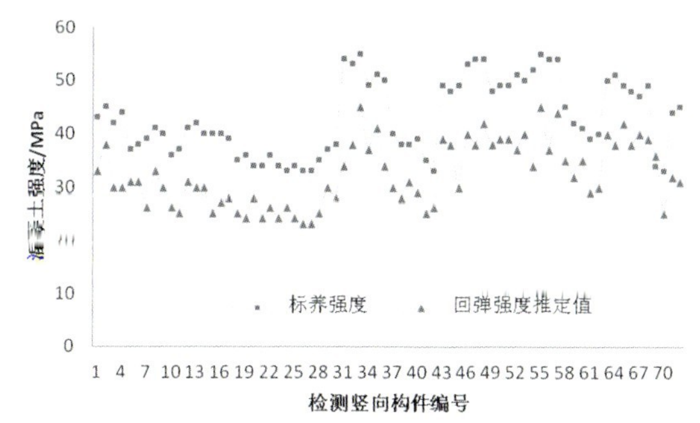

图2　标养强度与回弹强度推定值对比图

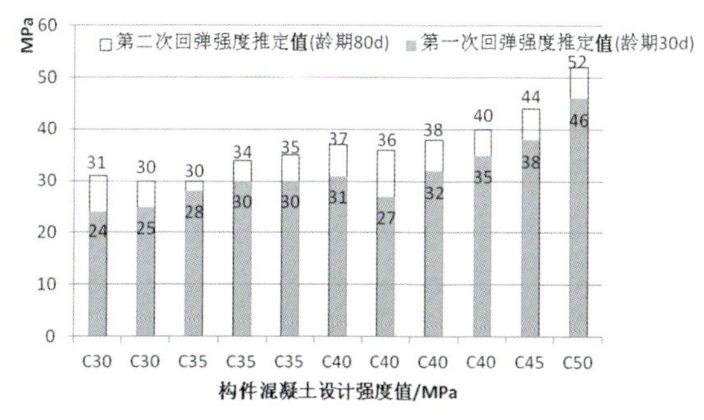

图3　两次检测回弹强度推定值对比图

（二）混凝土原材料的影响

随着现代混凝土技术的快速发展，掺加了大量矿物掺合料（粉煤灰、矿渣等）的混凝土被广泛使用，这类混凝土早期强度发展较慢，后期强度发展较快，因此在龄期 28d 时，用回弹法测得的混凝土强度推定值可能偏低。因此，对掺加粉煤灰的混凝土龄期，应考虑粉煤灰的影响。但目前现行规范对此没有具体规定，实际操作中可参照《粉煤灰混凝土应用技术规范》GB/T 50146–2014、《矿物掺合料应用技术规范》GB/T 51003–2014 等来适当延长测强龄期，具体应随粉煤灰掺量的不同进行研究确定。

另外，水泥材料的性状还会影响碳化深度的测量精度。水泥中加入大量掺合料，会降低水泥中氢氧化钙浓度，掺合料还要与水泥中的氢氧化钙发生二次反应，生成新的不使酚酞变色的物质。还有脱模剂的使用，直接影响到混凝土表面的酸碱度。现代水泥掺入了各类混合料及助磨剂，性能已经发生了很大变化。酚酞试液不变色可能是因为发生了碳化，也可能是因为碱度降低，使得碳化深度的测量不准确。碳化深度对混凝土强度推定值的影响很大，如何准确修正仍然是需要进一步试验研究的课题。

（三）测强曲线的影响

配制混凝土的砂子、石子、水泥等材料基本都是就地取材，由于我国地域辽阔，工程项目分散，各地混凝土的组成材料及性状差异很大，且各地气候条件、工艺技术水平不尽相同，混凝土材料、环境及碳化程度对回弹法检测混凝土强度的影响也有所区别，统一采用一种测强曲线难免有不妥之处。

笔者所在地区多数采用国家统一测强曲线，由于统一测强曲线制定时间早，与当前泵送混凝土使用的材料有很多不同，其适用性将大打折扣。因此《回弹法检测混凝土抗压强度技术规程》JGJ/T 23-2011鼓励“根据各地的气候和原材料特点，因地制宜地制定和采用专用测强曲线和地区测强曲线”。鉴于目前多数地区没有制定地区测强曲线，在采用统一测强曲线推算混凝土强度时，要与当地商用混凝土及检测单位共同探讨，并取得建设单位、监理单位的同意，按照当地施工经验合理修正，得出客观的结果。

三、检测结果的处理和评价

通过以上分析可以看出，回弹法虽简单易操作，但有时误差偏大，按照《回弹法检测混凝土抗压强度技术规程》JGJ/T 23-2011第4.1.6条“可采用在构件上钻取的混凝土芯样或同条件试块对测区混凝土强度换算值进行修正”。但是钻芯取样多少会对结构有损伤，尤其是钢筋密集部位可能造成钢筋截断。为减少结构损伤及节省检测费用，应谨慎使用钻芯法，充分利用同条件试块，合理使用回弹法和钻芯法两种检测方法，建议按照以下流程实施。

考虑到掺矿物掺合料混凝土的前期强度较低，强度增长周期较长的特点，用回弹法检测时应辩证地考虑混凝土强度与龄期的关系。笔者在工作中尝试使用“达到设计强度的百分比”与“实际等效龄期”两个指标来评价，取得了良好的效果，具体操作举例如下：某构件设计强度等级C40，第一次检测时回弹强度推定值为38MPa，等效龄期为28d，那么此时构件强度达到了设计强度的38/40=95%；第二次检测时回弹强度推定值为41MPa，等效龄期为50d，那么此时构件强度达到了设计强度的41/40=102.5%。以此类推，如果等效龄期达到100d时回弹强度推定值仍小于设计值，则认定为回弹强度不合格，按照图4流程处理。回弹法强度评价流程如图5。

结语

混凝土强度关系到主体结构安全，是实测实量的必检项目，采用回弹法检测混凝土抗压强度具有简单快捷、方便易行的优势。然而在具体操作时，检测人员需谨慎对待，认真分析各类影响因素，对检测结果存疑时，应采取合理的应对方法，本文提出的评价方法和处理程序可为检测人员提供参考，正确应用回弹法来为评价工作服务。

参考文献

[1] 侯伟生．建筑工程质量检测技术手册[M]. 北京：中国建筑工业出版社，2013.
[2] GB/T 50344-2004 建筑结构检测技术标[S]. 北京：中国建筑工业出版社，2011.
[3] GB/T 51003-2014 矿物掺合料应用技术规范[S]. 北京：中国建筑工业出版社，2014.
[4] GB/T 50146-2014 粉煤灰混凝土应用技术规范[S]. 北京：中国建筑工业出版社，2014.
[5] 渠艳艳．浅析回弹法检测混凝土强度存在的问题[J]. 工程质量，2018，36（2）：8-10.

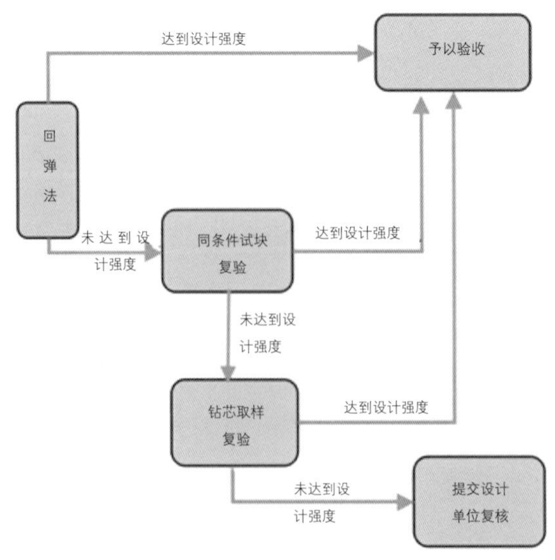

图4 回弹不合格时处理流程图

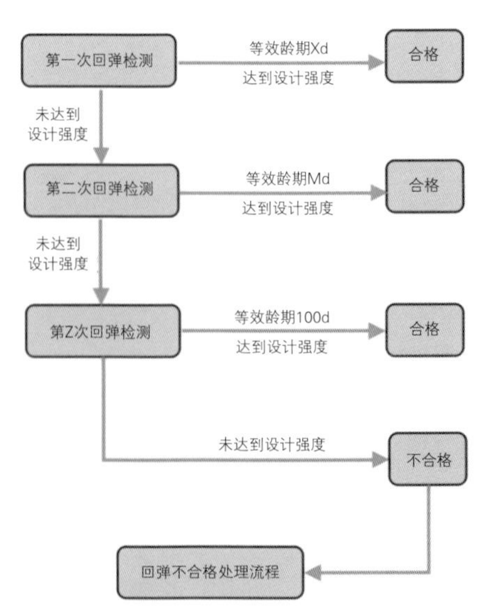

图5 回弹法强度评价流程图

做好监理文件资料管理需掌握“三控制”

高华
太原理工大成工程有限公司

摘　要：规范化的监理文件资料管理工作，对工程进度、投资、质量及安全职责的履行具有一定促进作用。本文结合工作实践，将监理文件资料管理实施“三控制”的方法进行了介绍，用以指导项目监理机构的资料管理。

关键词：项目监理文件资料　事前控制　事中控制　事后控制

监理文件资料是实施监理过程全面真实的反映，既是监理工作成效的根本体现，也是工程质量、生产安全事故责任划分的重要依据。监理文件资料管理的好与坏，对工程进度、投资、质量及安全职责的履行具有一定检查和促进作用。监理文件资料管理的重要性不言而喻。笔者结合工作实践，提出监理文件资料管理实施“三控制”即事前控制、事中控制和事后控制的方法，达到精准、有效、规范化的资料管理目标。下面，笔者就“三控制”内容作详细阐述，以供同仁探讨与交流。

一、监理文件资料管理的事前控制

（一）明确项目监理机构人员的管理职责

按照《建设工程监理规范》GB/T 50319-2013规定，项目监理机构应对监理文件资料做到“明确责任，专人负责”。在实际工作中，项目监理机构的资料管理实行总监理工程师负责制；由总监指定专人专职（或兼职）负责建设单位、上级主管部门、施工单位等收文登记；负责项目监理机构对外发文登记，负责项目监理机构归档资料的分类整理；各专业监理工程师分别负责整理本专业的文件资料，并及时移交给资料专员归档保管。总监需要定期或不定期对监理文件资料收集、分类情况进行督查指导。

（二）建立顺畅的监理文件资料管理流程

监理文件资料需要及时、准确、完整地被收集，离不开项目监理机构所有监理人员的共同协作，理顺工作流程尤为重要。各专业监理人员收到施工单位的工程报验资料后，应进行资料表格格式、份数、填写规范性等方面的审核评价，不得接受经涂改的报验资料；对审核合格的工程报验资料予以签字认可，并负责将资料整理后递交资料专职人员，由资料人员二次审核该文件资料的规范性和完整性，对符合要求的资料，由资料专职人员加盖项目监理机构章后，按照要求留存一份原件归档。

项目总监还需要在第一次工地会议上，明确参建各方收发文的接收人，通报监理文件资料的审核流程，保证信息传递通畅。

（三）注重监理人员业务交底与学习

监理资料是项目监理机构留下的监理工作记录和痕迹，它不仅是考量监理机构工作质量和业绩的重要依据，而且也是监理企业、监理工程师加强自我保护的有效手段。当前，规范标准不断更新，需要监理人员持续学习，注重自身业务素养的提升，以应对监理工作的新形势。

1. 项目监理机构组建后、监理工作正式运行前，总监利用内部交底会，对所有监理人员进行资料业务交底；明确项目监理机构人员的管理职责；理顺监理资料管理流程；组织学习资料管理的总体要求；对现行最新规范进行讲解。最终，让所有监理人员做到心中有数，提前将问题消除，保证监理资料工作的顺利开展。

2. 新聘资料员应在总监的业务指导下，还需要进行必要的专业知识学习。一方面学习规范标准有关内容，另一方面还应知晓监理企业内部资料管理业务要求。总监实施“传、帮、带”的工作方式，引导资料员做到将专业监理工程师完成的监理资料整理、编目、归档、保存、传递等，成为总监的得力助手，为总监把好监理资料的全面、完整的第一关。

（四）优先任用经验丰富、责任心强的监理人员作为资料人员

监理文件管理工作是一项系统、琐碎、单一的工作，它的实施需要耐心、严谨、认真的工作作风。项目监理机构组建之初，总监应慎重选择资料员，委派责任心强、工作细致和文案经验丰富的人员来担任，这样才能使日常监理资料的收集、整理、编目工作顺利实施。

（五）向各参建单位提出监理文件资料的质量要求，向施工单位提出资料人员的业务能力要求。

项目总监应在第一次工地会议上，与建设单位、施工单位共同确定本工程应采用的资料表格类型和资料份数。如施工合同已有约定即按合同执行。表格类型应按现行最新版监理规范中的相关B类用表作为报验表，且所有资料应为原件。

总监还应明确要求施工单位的资料员应具备一定工作经验，应由从事过工程移交办理的人员担任。这样，监理单位与施工单位对接更加流畅，工作效率会显著提高。

（六）有条件的项目，可提前与当地城建档案馆接洽，取得建设工程文件归档要求，使工作达到事半功倍的效果。

在实际工作中，经常会遇到项目归属地不同，档案归档范围及要求也会有所差别的情况。为提高资料整理、归档效率，确保工程验收，项目监理机构可以在正式开工前，第一次工地会议上，由总监提出建设性的意见，建议建设单位或施工单位在有条件的情况下，提前与当地城建档案馆联系，事先了解建设工程文件归档内容，做好资料管理工作的事前控制，为工程验收提前作充分准备。

（七）充分利用监理企业文化资源，将监理文件资料归档内容纳入上墙文件，方便监理人员随时查找学习。

企业文化墙是企业文化建设的一把利器，监理企业非常重视企业文化墙的宣传作用。监理企业应将监理文件资料归档范围内容纳入企业文化墙。项目监理机构应充分利用这一企业文化资源，将宣传图张贴至项目监理机构的醒目位置。既可以展示企业良好形象，又便于监理人员工作，起到了一举两得的效果。

（八）提前了解监理企业内部档案室移交资料的要求

监理企业都有一套完整、规范的内部档案管理制度。为达到企业内部档案归档要求，项目监理机构还应提前联系企业档案室，知晓资料归档范围要求，待项目施工结束、监理人员撤场后，就能够及时办理资料移交，满足监理企业对资料移交时限的要求。

（九）建立与配置完善的资料管理硬件设施

良好的工作离不开硬件设施的支持。项目监理机构组建后，总监应及时将监理工作设备配置到位，如电脑、打印机、资料柜、资料盒、复印机等必要的办公室用品用具。资料人员应提前准备好监理工作用表的电子版本；资料盒卷内目录打印出备好待填写；资料盒背脊标签做到规范化，用统一字体打印出粘贴牢固；在电脑中建立资料管理专用文件夹，特别要注意定期进行备份，以免电脑故障资料丢失，造成不可挽回的后果。

二、监理文件资料管理的事中控制

在施工过程中，项目监理机构如何能够做到及时收集资料，保证与工程进度同步，达到资料真实、齐全、完整、规范的目的，需要采取以下措施。

（一）项目总监定期抽查监理人员履行各自资料管理职责情况

项目总监应定期（按周、月或分部工程验收节点）对各专业监理工程师整理本专业的文件资料情况、移交资料员归档情况进行检查评价；对资料员收发文登记、归档资料的分类整理情况进行检查评价，并根据检查结果，按照监理企业管理制度对监理人员履职情况进行奖评。

（二）在施工过程中，项目监理机构实施书面报验措施，保证资料与工程

进度同步，做到资料真实、齐全、完整、规范。

在实际工作中，项目监理机构应在第一次工地会议或监理例会上要求施工单位对本项目各单位、分部、分项、检验批、隐蔽工程及工程材料设备报验时，实行书面报验的工作方式。即施工单位在自检合格后，先将书面自检结果上报监理检查，监理人员审核资料真实、齐全、完整、规范后，再到现场进行实体检查。监理人员验收合格、签署验收意见后，交由资料员办理盖章、归档手续，保证工程资料与施工同步。

（三）资料员按照工作职责，做好日常监理资料的收集、整理、编目工作

在监理工作过程中，监理资料应按单位工程建立案卷盒（夹），施工文件分专业存放保管，并编卷内目录，以便跟踪检索。资料人员应按照监理资料来源不同，合理进行资料分类，把施工过程中收集到的资料及时对应归档。

项目监理部需要收集、整理的资料，从来源上可分为两大类，即监理自身在项目监理工作中形成的管理资料和施工过程中产生的控制资料。这两大类资料需要各自建立对应的资料盒，资料盒侧面标识应清晰，并体现所包括文件内容，便于归档与查找。

监理管理资料包括监理规划、监理实施细则、监理例会会议纪要、专题会议会议纪要、监理通知单、工作联系单、监理报告、监理月报、监理日志、旁站记录、工程质量评估报告、监理工作总结等。

施工过程控制资料包括施工组织设计、施工方案、施工进度计划报审文件资料、施工控制测量成果报验文件资料、工程材料构配件设备报验文件、工程质量检查报验资料及工程有关验收资料等。

资料员在收到每一份资料文件后，先进行分类，分类后按照时间顺序对资料进行汇总，将对应文件题名记录到相应资料盒内的卷内目录上。此项工作需要资料员认真细致对待。

（四）资料员应定期向总监汇报监理文件管理工作情况

依据项目总监在第一次工地会议上确定的参建各方收发文的接收人，资料员应将文件及时接收或发出，准确记载收文和发文记录；需要项目监理机构内部传阅的文件应为复印件，同时将原件归档保存；还应将收发文情况向项目总监汇报，由项目总监记录到当日项目监理日志中，完成文件的收集、传递、整理和归档。

（五）监理人员应注意监理通知单及会议纪要问题整改的闭合管理，即以监理通知回复单作为监理通知的附件、会议纪要问题执行反馈单作为会议纪要的附件进行管理。

项目监理机构在发出监理指令、会议纪要等管理文件后，应跟踪检查问题整改解决情况，由施工单位将整改结果以书面形式回复监理，监理人员作出检查评价，形成闭合的管理文件。在实际工作中，对于特殊情况下，施工单位未能回复的监理通知单，监理人员可在相应通知单书面备注原因及现场状况，以此作为闭合记录。监理例会纪要问题的执行反馈，还可采取在下一次会议召开前，项目监理机构先对问题落实情况进行检查通报，并将通报结果记录在会议纪要中，以此作为闭合记录。

（六）重视工程声像文件的收集、整理、归档

项目总监督促检查监理人员日常工程照片、视频资料的记录工作。包括开工前（原址原貌）、基础工程、主体工程（主要隐蔽工程、管道走向、四新的）、装饰装修等分部，竣工后有面貌（正面、侧立面、背立面）。资料员应建立声像专用文件夹，及时将现场监理人员拍摄的照片按施工顺序、重要工序及验收节点分类，做好必要的电子文档备份。

（七）公司职能管理部门不定期地进行监理资料管理工作的检查与评价

监理企业工程质量职能管理部门应不定期巡视检查项目监理机构日常监理资料文件的管理工作，主要检查监理资料是否与工程同步，监理文件质量是否符合标准，监理文件的分类与归档是否合理、清楚，并对项目监理机构的工作进行指导评价，推进监理文件管理始终处于正常状态。

三、监理文件资料管理的事后控制

在工程结束后，项目监理机构应及时整理、分类汇总监理文件资料，并应按规定组卷，形成监理档案，并在规定的时间内向档案馆、建设单位、监理企业移交需要存档的监理文件资料。

（一）项目总监安排专人取得归属地城建档案馆的归档内容要求

项目总监应安排专人联系档案馆，按照档案馆归档要求，对监理文件进行整理、分类、组卷、成册。具体基本要求是：

1. 监理文件可按管理资料、质量控制、进度控制、造价控制、分包资质等立卷。

2. 监理资料文件的分类按时间顺

序整理，分类立卷成册。资料每页要编页号，每卷要有目录。

3. 档案封面应注明工程名称、合同号、建设单位、施工项目部、建设日期、完成日期，并有项目总监理工程师审核签字。

4. 监理档案资料应真实可信，字迹清楚、签字齐全，不得弄虚作假，擅自涂改原始记录。

5. 工程案卷的装订采用不装订的保管形式，必须剔除金属物。

6. 专业分包如消防、电梯等均独立归档立卷，从开工报告到竣工验收证明文件一全套资料。

7. 涉及节能工程的分项工程全部放到节能分部中，相应资料就不再重复放到装饰分部中，需要在装饰备考表中说明一下即可，原则是不放重复文件。

（二）项目总监组织专人学习掌握工程案卷的编目基本内容

项目总监组织监理人员学习编目内容，其基本内容有：

1. 卷内页号编写时，案卷封面、卷内目录、卷内备考表不编页号。

2. 卷内目录编写应包括序号、文件编号、责任者、文件题名、日期、页次、备注。

3. 备考表的编写应包括文件的总页数、各类文件的页数、卷内文件的说明（如原件丢失说明、共有情况说明、复印件说明等）、完整情况等（填写应当归档而缺少的文件材料名称和原因）。其中立卷单位的立卷人（资料员），审核人（总监）应手工签字。

4. 案卷封面的编写应包括总登记号、分类号、档号、案卷题名（应简明、准确地揭示卷内文件的内容。如单位名称、性质、项目名称、阶段卷的名称、某某公司新建某某项目立项阶段基建文件）、编制单位、案卷形成年代、文件起止日期、归档日期、密级、保管期限、共几卷、第几卷、存放号。

（三）项目监理机构应办好工程档案的移交手续

项目监理机构应当将工程档案按合同或协议约定的载体、质量、套数、时间报送给建设单位。向建设单位报送档案，应当编制移交清单，双方签字盖章后方可交接。监理企业自行保存的监理档案经企业有关部门负责人审核同意后，向本单位档案室报送，办理移交手续后归档保存。

结语

监理资料是履行监理合同、实践监理规划的具体表现；是评定监理工作、界定监理责任的原始记录；是真实反映工程过程中的质量、进度、投资、安全控制和合同、信息管理监督以及现场协调工作；是工程实施情况的汇总，也是监理工作质量的体现。监理资料是监理单位作为保护自身规避风险的一种手段。通过以上阐述来看，规范化的监理资料管理离不开有效的工作手段，资料管理的“事前”“事中”“事后”控制都是在工程监理过程中逐步形成的，而整个工程监理过程环节繁杂，专业各异，不论是总监理工程师、专业监理工程师还是专职资料员，仅仅依靠个人的力量是无法做好这项工作的。项目监理机构掌握运用“三控”法，可以使监理资料管理工作做到“工作有人做，资料有人管”，工程竣工后才能留下一份连续、完整的监理资料。

初探全过程工程咨询在机械加工园区建设项目案例中的应用

冯长青

山西协诚建设工程项目管理有限公司

摘　要：通过全过程工程咨询服务的案例，探索为企业建设工程服务的模式，并探讨全过程工程咨询比传统建设模式所具有的优势。

关键词：全过程工程咨询　设计管理　造价咨询　工程监理

2017年2月21日，《国务院办公厅关于促进建筑业持续健康发展的意见》（国办发〔2017〕19号），提出“培育全过程工程咨询”这一理念，这也是在建筑工程的全产业链中首次明确“全过程工程咨询”这一理念。随着国家政策的积极推进，越来越多的监理企业参与到全过程咨询的行业中来。

山西协诚建设工程项目管理有限公司业务主要以监理服务为主，为了打破业务及发展的瓶颈，积极准备，应对挑战，在公司2009年制定的10年战略规划中，明确写入了为全过程工程咨询做好准备，打好基础，完善能力建设的篇章。公司也在积极探索、发掘开发全过程工程咨询业务，并在实践中不断总结提升人力、技术、管理、协调等方面的能力和经验，对全过程工程咨询进行了一些相对有效的实践探索活动。下面以广立机械加工工业园项目为案例，阐述前期手续办理、设计管理、造价服务及管理、监理服务等方面的项目管理经验教训。

一、全过程工程咨询

全过程工程咨询，指涉及建设工程全生命周期内的策划咨询、前期可研、工程设计、招标代理、造价咨询、工程监理、施工前期准备、施工过程管理、竣工验收及运营保修等各个阶段的管理服务。

二、工程概况

广立机械加工工业园项目位于太原市钢园路，项目主要由8栋厂组成，总建筑面积约3.2万m^2，厂房均为门式钢架轻型钢结构。1号、5号厂房建筑高8.86m，檐口高8.3m。其他厂房建筑高9.45m，檐口高8.3m。

三、实施过程

一般来说，基本建设工程必须执行项目的论证、决策、立项、勘察、设计、施工、竣工验收以及交付使用过程等一系列的基本建设程序，并坚持先勘察、后设计、再施工的原则。本案例项目的建设单位为机械加工企业，对工程建设流程存在着或多或少的模糊认识，对基本建设程序了解不够，加之建设单位也缺乏在建设过程中进行质量、安全、投资、进度管理等方面的高素质专业人员。因此，建设单位需要委托综合实力强、公信力高的专业项目管理单位为其服务。

2016年3月在与甲方沟通协调、达成共识的基础签订了《工程项目管理合同》，明确了服务内容。根据委托合同内容，服务方主要任务为，完成项目前期咨询、协助办理开工前相关施工手续；完成设计阶段和施工阶段、竣工验收阶段的质量、进度、投资控制及相关安全管理方面的控制、协调等工作。

根据本工程的特点，及合同管理目标组建项目管理部。并根据工程任务抽调有较高资历并具有多年从事类似工程项目管理经历的管理人员为主组建项目部班子。特别挑选了在兵器系统长期从事基建项目管理、具有丰富实践经验、业内威望较高的骨干作为本项目的负责人，以确保项目的顺利推进。

经过一年多的探索与实践，工程在各方的努力和配合下，于2017年6月完工交付使用。

（一）前期手续

根据以往工作经验，本项目采用项目报建、设计招标事宜等工作交叉办理的方式，先后助建设单位完成了用地规划许可证、土地使用证、工程规划许可证、勘察设计招投标、施工图审查、质监安监注册备案、施工许可证等手续，这样办理，不仅为建设单位缩短办理时限，也可为建设单位节省时间成本。

（二）设计管理

在前几年为了打造具备综合能力的项目管理公司，陆续储备相关工程设计人员，包括建筑师、结构师、岩土工程师、设备公用工程师等，为全过程工程咨询服务设计管理这一板块奠定了基础。

设计管理主要思路：抓好“三个重点”、控制“两个关键环节”。即重点抓好设计方案的优化、重点抓好总体设计、重点抓好基础设计；控制施工图会审和设计变更管理两个关键环节。

一方面，受甲方委托，根据甲方的功能要求、现有设计成果、规划和建设报批文件、甲方的其他要求等进行审定并承担对各专业设计阶段、施工期间现场配合等所有阶段的设计方的管理工作。

另一方面，组织项目各专业的设计、施工专家对图纸进行了优化，在以下3个方面简单说明。

1. 在工业厂房钢结构形式及含钢量方面

组织钢结构专家对钢结构主体进行分析，建议在原有钢结构设计的基础上，钢柱、钢梁根据受力由原来的热轧型钢改为焊接型钢，钢柱钢梁由等截面变为变截面等方法，用钢量从45kg/m^{2}降为40kg/m^2，通过优化，总共为建设单位节省钢材约125t。

2. 地基处理

组织岩土专家对地基的处理方式和与基础的选用形式进行探讨，并建议将原有满打灰土挤密桩的设计方案，改为只在独立基础和基础连梁下，设置灰土挤密桩，并根据土质情况和受力大小采用不同桩长的灰土挤密桩，此项优化为建设单位节约灰土挤密桩1440根。

3. 面建筑做法

原有设计的地面建筑做法是根据重车荷载满铺钢筋混凝土地面，经过专家对地面功能的细化分析，认为修改为只在走车处采用钢筋混凝土地面，其他部分采用普通素混凝土地面的做法比较经济适用。因厂房地面面积大，仅此地面做法优化即达到了一次节约施工成本100万元的成效。

（三）造价服务及管理

根据业主的要求并结合工程特点，按照各专业齐全的原则，组建了造价控制小组，利用公司造价资质优势，主要完成了。

1. 建设项目概预算的编制与审核；并配合设计方案比选、优化设计、限额设计等工作进行工程造价分析与控制工作。

2. 建设项目合同价款的确定（包括编制招标工程工程量清单和招标控制价、测算施工成本、审核施工投标报价）；合同价款的签订与调整（包括工程变更、工程洽商和索赔费用的计算）与工程款支付，工程结算、竣工结算和决算报告的编制与审核等。

鉴于建设单位对建设工程投资费用控制方面的专业知识不熟悉，我们为建设单位提供了详细的施工成本测算资料，以及必须支付给施工方的各项税费的比例和金额。在此基础上，提供专业的工程量清单和招标控制价，便于招标和合同谈判的进行，同时也方便建设过程中和竣工时的结算和支付审核计算。

3. 工程造价经济纠纷的鉴定和仲裁的咨询。

4. 提供工程造价信息服务等。

（四）监理服务

根据业主的要求并结合工程特点，按照各专业齐全，老、中、青年龄搭配的原则，成立了监理机构，开展监理工作。并由公司的总师办、专家组为项目提供全方位的技术咨询，为业主提供施工技术、工艺、新材料的使用等方面的参考性意见。

首先，由总监理工程师组织专业监理工程师编制了《监理规划》，并由单位技术负责人审批通过后实施。

针对专业性较强分部分项工程，监理部组织编制了《灰土挤密桩监理实施细则》《土方回填监理实施细则》《混凝土监理实施细则》《钢筋监理实施细则》《回填土监理细则》《钢结构监理实施细则》《屋面防水实施细则》等。

针对危险性较大的分部分项工程，组织编制了《土方开挖监理实施细则》《钢结构安装监理实施细则》《模板监理实施细则》等。

其次，监理人员监理工程中认真、负责地履行本合同的义务和职责，即对：“质量、进度、投资”的控制，安全、信息管理及协调，为业主提供了相应的服务，公正地维护了各方面的合法权益。

1. 质量控制

工程质量控制是履行监理合同的核心内容，也是项目监理部的主要工作目标。为此，项目监理部各专业监理工程师在总监理工程师的带领下从影响工程质量的5个因素（人、机、物、法、环）入手，运用主动控制与被动控制相结合的方法，对施工质量采取事前、事中与事后控制，确保工程质量达到承包合同、设计文件及相关验收标准的要求。主要体现在：

1）对施工单位的企业资质以及营业范围进行审核，并对其管理人员及特殊工种作业人员的上岗资格进行审查等。

2）对进入现场的施工机械设备，除了对其书面保证资料进行核查外，还要在现场对其运转时的工作能力进行检查，以保证机械设备满足现场的施工要求，使机械设备在良好状态下工作。

3）对原材料、构配件的质量控制。审核工程所用的材料、构配件和设备的质量证明文件，并按有关规定、建设工程监理合同约定，对用于工程的材料进行见证取样、平行检验。

4）在控制承包单位的施工方法和技术措施方面，采取预控措施。在施工单位施工工程项目前，施工单位必须提前上报审批的施工组织设计或施工方案；并经监理审查批准后，方可实施。

5）在环境控制方面，针对工程特点及其周边环境的特点，充分考虑施工中可能发生的情况，提前书面通知施工单位，充分做好施工前准备工作，充分考虑生产环境、劳动环境、周边环境对施工的影响，避免工作准备不充分或保证措施、防护措施不利而影响正常施工进度或施工质量。

2. 进度控制

1）对施工单位编制的施工进度计划进行审查，对施工单位不合理的工序安排提出意见，要求其合理调整，使进度计划满足实际工程需要。

2）掌握工程进度计划，控制施工进度，要求施工单位每月的25日提交本月进度情况和下月进度计划。发现进度偏差及时纠正，确保工程顺利完成。

3. 投资控制

以设计预算为目标，根据工程实际进度需要提出合理的资金计划与建议，最大限度地提高资金使用效益，为业主节约投资。施工过程中，严格控制施工变更以及合同价外的签证，控制承包商提出索赔的条件和机会；认真审核工程量，把好工程进度款支付的审核关，做好工程结算的审核工作，把投资额度控制在最优和最合理的水平，确保工程投资不超过总概算。

4. 合同管理

1）掌握合同内容，弄清合同各方的责、权、利。认真履行合同中监理的职责范围、任务，协调处理好各方关系。

2）制定以文字（文件、通知、信）形式，代替口头指令及传达的管理方式。

3）监理人员在监理活动中，对有关涉及工程质量、进度、造价和安全文明施工的各种事件及活动要详细了解，积极参与，并将相关资料，及时上报，妥善保管，以备检索查用。

4）合同中有“含糊”不清的地方，要及时提出明确解释。

5. 安全管理

项目监理机构健全项目安全监理体系，设立专职安全监理人员。在开工前，对每个单位工程进行具体分析，全面把控项目安全风险控制重点，制定具有针对性和可操作性的控制措施。在相关项目实施前，严格审查施工单位的专项安全施工方案，监督特种作业人员持证上岗，加强现场安全巡视检查，定期组织对工人进行检查，对发现的安全隐患跟踪整改到位，确保现场安全措施符合强制性标准和专项施工方案的要求，确保项目安全无事故，顺利交工。

最终，监理部通过15个月的具体实际工作，取得了工程顺利完成可喜的成绩。工程质量达到设计要求和验收标准，安全作业达到预控的目标值，现场管理基本满足文明施工的要求，工程进度主要目标值基本与总进度相一致，工程投资基本处在合理控制范围内，工程资料的收集、签认、整理基本与工程进度相一致。

同时，监理在各方面做了大量的工作，取得业主的肯定与信任，并在施工单位中树立起监理的威信，使监理目标顺利完成。可见，监理工作在完成“三控、二管、一协调”外，应力所能及地为业主做更多的工作，通过提供一些咨询和可行性建议，解决业主存在的实际问题，体现出监理的优势，令业主满意。

结语

通过对广立项目进行的全过程工程咨询服务，发现以前的建设模式是将建筑项目中的设计、施工、监理等阶段分隔开来，各单位分别负责不同环节和不同专业的工作，这样割裂了建设工程的内在关系和连续性，在项目实施过程中由于缺少全产业链的整体把控，信息流被切断，很容易导致建筑项目管理过程中各种问题的出现，成本的浪费，以及安全和质量的隐患，使业主难以得到完整的建筑产品和服务。而全过程工程咨询的优势主要体现在通过限额设计、优化设计和精细化管理等措施提高投资收益，整合各阶段工作内容，实现全过程投资控制，节约投资成本，通过有效协调项目组织、简化合同关系，有利于解决设计、造价、招标、监理等单位之间存在的责任分离等问题，加快建设进度。有助于促进设计、施工、监理等不同环节、不同专业的无缝衔接，提前规避和弥补传统单一服务模式下易出现的管理漏洞和缺陷，提高建筑的质量和品质；咨询企业是项目管理的主要责任方，在全过程管理过程中，能通过强化管控有效预防生产安全事故的发生，大大降低建设单位的责任风险。

浅论项目管理咨询服务如何发挥桥梁纽带作用

张昊
中冶南方武汉工程咨询管理有限公司

摘　要：设计与施工是实现建筑产品的两个不可分割的重要环节。但在项目实施过程中，往往因设计人员不了解施工规范或现场情况，施工人员不理解设计规范或设计思想而形成项目建设“盲区”。因为项目建设“盲区”的存在，往往导致施工困难，设计意图未能实现，项目质量投资进度目标失控，业主不满意等局面的出现。本文通过几个实际案例分析了设计与施工的矛盾及解决方案，阐述了项目管理咨询服务如何在填补项目建设“盲区”，把设计与施工相融和方面发挥重要作用。

关键词：设计　施工　项目管理咨询

随着中国建筑市场的发展、建筑标准日益提高、建筑技术快速更新，市场对全过程、全方位的项目管理咨询服务的需求更多，要求也更高。项目管理咨询服务贯穿于项目建设全过程，涵盖了工程项目投资咨询、勘察设计管理、施工管理、工程监理、造价咨询和招标代理等工作内容，这就要求项目管理咨询工程师要具备较高的管理能力、协调能力、技术能力，知识面要丰富，要懂设计、通施工、擅管理、知法律、晓财务，只要这样才能完成业主赋予的任务，为业主提供高品质的咨询服务。

笔者先后有着 8 年设计、20 年项目管理咨询从业经历，对工程建设阶段项目管理咨询服务工作的重要性有较深的体会。在项目实施过程中，往往出现因设计人员不了解施工规范和现场情况，施工人员不理解设计规范和设计思想，而形成的项目建设“盲区”。因为项目建设“盲区”的存在，导致施工困难，设计意图未能实现，项目质量投资进度目标失控，业主不满意等局面的出现。此时，一位合格的项目咨询管理工程师就应该起到设计与施工之间的纽带和桥梁作用，及时发现设计与施工之间的矛盾，及时沟通协调填补项目建设“盲区”，找到解决矛盾的最佳方法，既要贯彻设计意图，又要满足施工规范要求，从而确保项目顺利实施，实现共赢。

下面结合几个案例进行着重阐述。

案例一：某城市地铁车站设计起点里程右 ZK30+60.650，终点里程右 ZK30+343.700，为地下两层单柱岛式站台车站，其中地下一层为站厅层，地下二层为站台层，站厅层净高为 6.45m，站台层净高 4.80m。车站总长 283m，宽度 11m，车站埋深约 18.5m，底板落于黏土层。

在施工车站底板时，笔者在巡视检查过程中发现承包商将底板主筋置于底板纵向主梁之上，立即要求暂停施工并通知承包商整改。承包商很惊讶：“楼板钢筋都是这样布置的，有问题吗？”“我们一直这样施工的，别人也这样施工的。”

承包商是业内大型国企，认为自己没错；业主也心存疑惑："难道所有地铁站都错了吗？"笔者要求业主主持召开由设计、施工、监理共同参加的专题会，会上笔者将设计原理、施工规范要求的来龙去脉予以剖析：其一，因为底板受力是与正常楼板受力相反的，楼板承受自上而下的压力，所以楼板主筋布置于梁主筋之上；而底板承受的是自下而上的地基反力，因而底板主筋应布置于梁主筋之下，这样更符合结构传力要求；其二，底板主筋置于最底层保护层厚度最小，底板有效截面积最大，更符合设计要求。最后，笔者的观点得到业主、承包商、设计的一致认可，设计院会上表示以后出图一定要出顶板和底板钢筋布置大样图；承包商表示无条件整改返工；业主认为要举一反三，立刻布置所有车站进行专项检查。

"知其然并知其所以然"是进行项目管理咨询服务的必备条件，只有这样才能纠正设计、施工偏差，填补设计和施工之间的空白，保障项目建设质量。

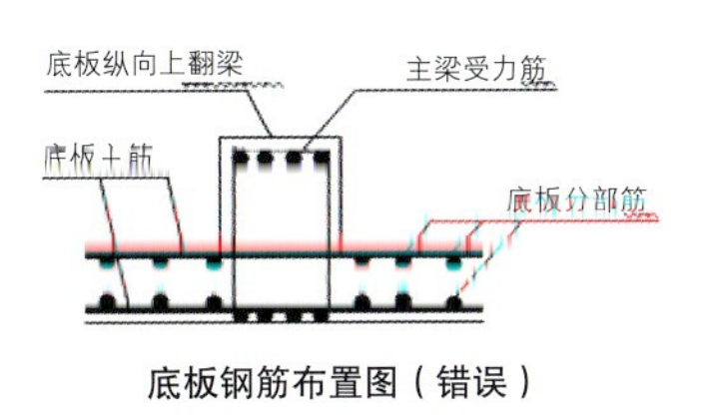

底板钢筋布置图（错误）

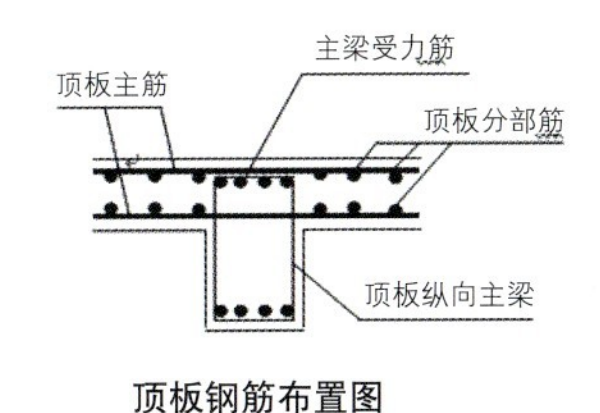

顶板钢筋布置图

底板钢筋布置图（正确）

案例二：某钢厂炼钢车间标准柱距12m，最大柱距36m。吊车梁为焊接H形实腹钢梁，标准吊车梁高1000mm，最大柱距36m，吊车梁高4600mm。设计说明要求制作是"按施工规范起拱，安装后吊车梁不得下挠"。

我国施工规范规定：若设计无特别规定，吊车梁的起拱度为跨度的1/1000。因此，施工单位报审施工方案为起拱度应为36mm，符合设计要求及钢结构施工规范。

但是，对于吊车梁的起拱度我国设计规范是有明确要求的：吊车梁预起拱度为自重挠度与1/2000跨度之和（考虑抵消工艺制作时构件的收缩变形）。因此，按照设计规范要求的起拱度应为10mm（自重挠度）+18mm（制作变形）=28mm。依此起拱，预起拱度应为26mm，与设计规定相比，显然施工单位吊车梁制作方案的预起拱值偏大。

到底如何取预起拱值呢？

国家桥式起重机的轨道安装规范规定：轨道同截面标高误差和轨道全长误差不超过10mm。

也就是说，起拱度如果是36mm的话，吊车梁安装后仍有至少10mm以上（考虑理论值大于实际值）的剩余拱度，这样显然不符合桥式起重机轨道安装规范要求。其后果是给轨道安装带来很大困难，投产后吊车不易操作，出现"啃轨"现象，进而影响到工厂生产。

施工方案报审后，笔者与设计院及施工单位充分讨论沟通，最后确定按照10mm（自重挠度）+10mm（制作变形）共计20mm起拱。施工单位按要求制作安装后，实测该吊车梁剩余拱度2mm，完全满足轨道安装要求。

依此类推，当构筑物为设备基础平台且其上部设备对平整度要求较高时，结构变形一定要经过计算确认，以满足设备安装要求为前提，而不能仅仅似是而非的一句话"按规范起拱"。

项目管理咨询服务是一项多专业、全方位的工作，只有将各方面知识融会贯通才能做到游刃有余。

案例三：某炼钢车间，主体结构形式为钢结构工业厂房，设计柱肩梁、柱脚均要求刨平顶紧（如下图）。由于荷载较大，相应厂房柱断面、板厚均较大，钢结构制作厂洗刨设备不能满足要求，难以加工。为此，施工方通过与现场设计服务人员沟通，将原设计刨平顶紧部位改为全熔透焊接。

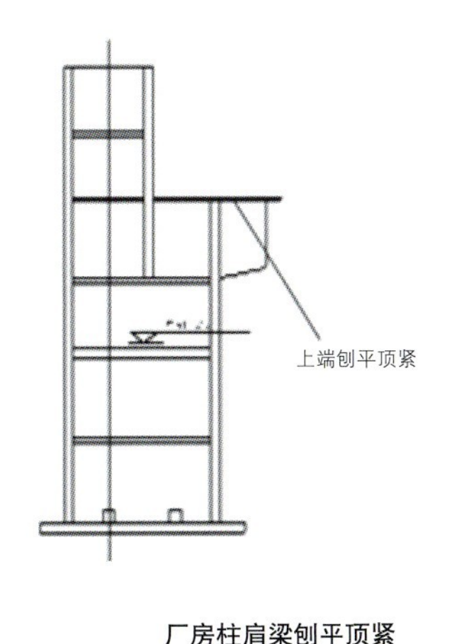

厂房柱肩梁刨平顶紧

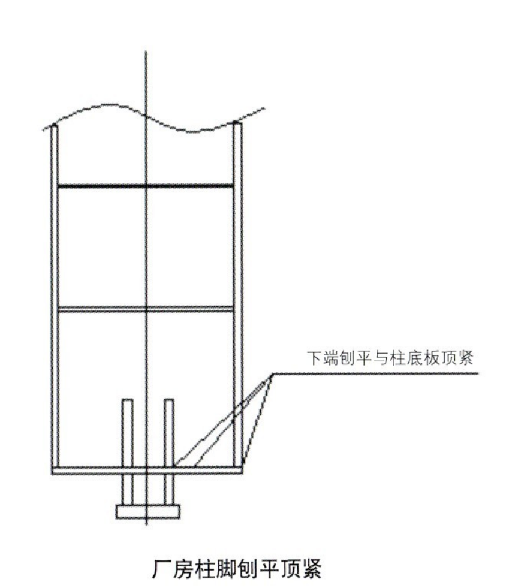

厂房柱脚刨平顶紧

对此，笔者坚决反对并主持召开设计、施工、业主共同参加的专题会。

会上，施工方强调工期紧张，如果按原设计施工必须另寻制作加工厂，工期恐怕受影响；设计方也认为，变更原设计对结构承载能力无影响。

对此，笔者不予认同。

《钢结构工程施工质量验收规范》中10.3.2对顶紧节点的阐述为“设计要求顶紧的节点，接触面不应小于75%贴紧，且边缘最大间隙不应大于0.8mm”，此要求明显高于一般组对间隙要求（1.5mm）。为什么呢？其一，因为有顶紧要求的部位构件一般承受较大集中荷载或动荷载，如采用焊接，焊接变形必然导致构件受力部位局部变形、平整度降低，从而使构件受力不均、局部承压增大，造成局部承压破坏，危及结构安全。其二，构件承受频繁动荷载时，如采用全熔透焊，焊接产生的高温将导致钢材的塑性下降、脆性增加，降低构件的抗疲劳性能，不利于构件长时间承受动荷载，影响结构安全及使用寿命。

据此，笔者认为施工方要求变更设计是降低质量标准、影响工程使用寿命的，是不合适的。最后，业主、设计方均同意笔者的观点，要求按原图施工。

一名合格项目管理咨询工程师必须有扎实、全面的技术根底，只有这样才能把控项目、顺畅沟通，从而保障项目目标的实现。

案例四：某大型房建项目二期工程，地下室两层，埋深约-12m。在审阅施工图时，发现设计院在设计与一期原有地下室接口时采用植筋方式连接，笔者认为设计院设计欠妥。图纸会审时，笔者提出，设计图理论计算上是可以的，但在实际施工过程中，几千个水平植筋质量无法保障，且无法验证施工质量是否达到设计要求，为保障工程质量，减小施工风险，建议变更设计，在接口处增加梁柱。最后，业主、设计院、施工方均同意笔者提出的修改意见，工程得以顺利实施。

项目管理咨询工程师必须具备设计师所欠缺的施工经验、承包商所欠缺的设计理念，才能够及时填补设计、施工间的空白区域，将设计与施工较好地结合在一起，使得建设项目得以顺利进行。

项目管理咨询服务是以技术为基础、涵盖项目管理各方面的技术型服务。笔者从事监理咨询服务行业20年，见证了行业的兴衰荣辱，对行业的发展也在时刻自省。笔者认为，监理咨询服务行业陷入目前的尴尬形势，当然与政府的导向、业主的认知有关系，但更为重要的是我们行业内对监理咨询服务的认识走进误区，正是因为行业内轻技术积累重人脉积累，轻技术管理重协调管理，轻预控工作重过程验收，才导致政府、业主的不信任，导致合同价值的降低，技术人才的流失，我们行业赖以发展的基础丧失。

当前，国家倡导全过程项目管理咨询，大部分监理咨询企业也在积极响应。但笔者认为，全过程项目管理咨询对企业提出了更高的技术要求，项目投资咨询、勘察设计管理、工程监理、造价咨询和招标代理等无一不体现出“技术”两个字，因此，我们绝大部分的监理咨询企业应脚踏实地，扎扎实实做好技术积累及人才储备工作，不宜盲目跟风，努力栽好“梧桐树”，才能引来“金凤凰”。

在这里，笔者要大声疾呼：时代的进步、技术的巨变对项目管理咨询服务行业的影响深远，行业人士唯有不断充实提升自己的专业技能，拓展知识领域，才能更好地服务于业主、贡献于社会，项目管理咨询服务之路才能越走越宽。

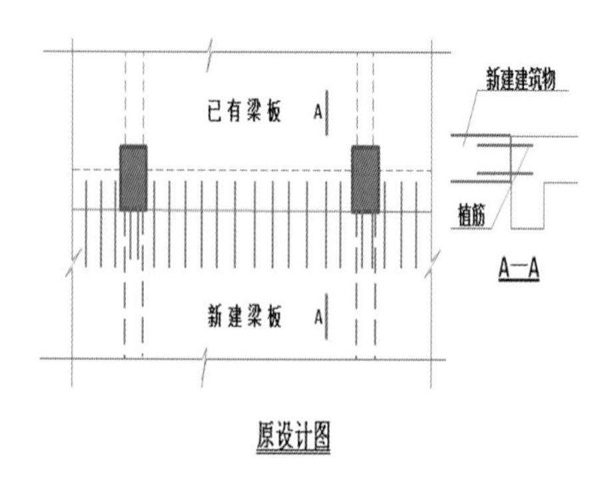

原设计图

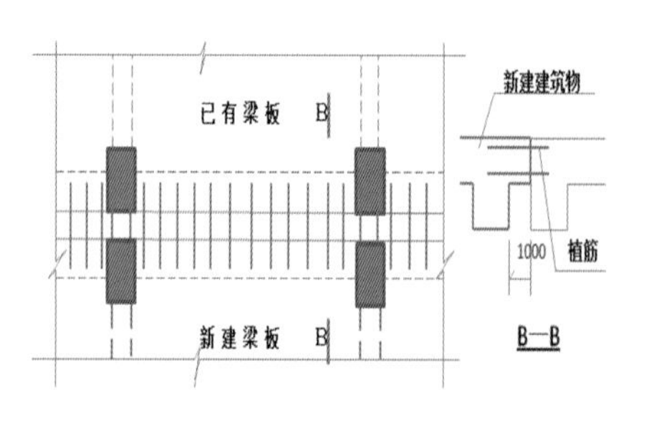

修改后设计图

参考文献

[1]《钢结构工程施工规范》GB 50755-2012.
[2]《钢结构工程施工质量验收规范》GB 50205-2001.
[3]《起重设备安装工程施工及验收规范》GB 50278-2010.
[4]《建筑桩基技术规范》JGJ 94-2008.
[5] 赵熙元．建筑钢结构设计手册[M]. 北京：冶金工业出版社，1995.

对EPC工程总承包管理模式的几点思考

葛广凤[1]　高家远[2]

1.山东华能建设项目管理有限公司；2.济南市建设监理有限公司

摘　要：EPC总承包模式是国家优先推行的一种承发包模式，对于促进总承包企业提升管理水平，做优做强，具有重要的意义。在现阶段下，该模式既有实施的优点，但又存在诸多不足，本文结合亲身实践，从建设单位角度、监理方角度、项目招标及实施等方面，对实施过程中出现的不足之处进行了分析，提出了EPC工程的实施条件和解决问题的建议。

关键词：EPC　总承包　模式

引言

EPC 总承包是我国政府部门大力推行的一种承发包模式，即设计－采购－施工总承包，推行总承包的意义主要是有利于提升项目可行性研究和初步设计深度，实现设计、采购、施工等各阶段工作的深度融合，提高工程建设水平，促进总承包企业做优做强，推动产业转型升级。总承包模式是否成功，应该看总承包项目是否实现了上述实行总承包模式的目的。从有关 EPC 的资料介绍来看，基本是从总承包方管理的角度，对项目组织、设计管理、技术管理、采购管理、物流管理、施工安全管理、试运行与竣工验收管理等诸方面进行描述，很少有从发包方或者工程管理咨询方角度出发的有关资料。笔者作为监理方有幸参与了一个房地产开发项目的 EPC 总承包项目的监理工作，就管理过程中遇到的问题进行了梳理总结，以便以后有机会更好地做好这方面的工作。

一、该总承包（EPC）模式建设项目的基本情况

（一）承包内容

施工单位和设计单位组成联合体中标该项目，该项目为住宅房地产开发项目勘察、设计、施工总承包（EPC）招标，招标内容包括本工程的勘察、设计、施工总承包及保修。所报建筑面积平方米单价固定，固定平方米单价包括完成项目勘察、设计、施工、小配套、设备及材料采购等至房屋交钥匙（交钥匙标准为符合设计要求，建筑单体完成质监备案，室外市政、园林景观通过验收满足入住条件）发生的所有费用，以及合同明示或暗示的所有责任、义务和不可抗力以外的一切风险费用。

（二）项目概况

本工程项目总用地面积为 284075m²，分为南北两个地块，总建筑面积约 490240.03m²，其中地上建筑面积 356005.60m²，包括住宅 341038.23m²，配套公建 14967.36m²；地下建筑面积 140240.43m²，包括地下车库建筑面积 88507.68m²，地下储藏室建筑面积 47087.33m²，其他配套地下建筑 4645.42m²。总投资约 359240 万元。项目配套建设室外工程，其中绿化面积约 97641m²，道路及广场面积 108139m²，居住总户数 2098 户，总人口 6715 人。整个项目居住总停车位约 2604 个，其中居住区地下停车位 2499 个，配套公建区地面停车位 105 个。

二、该总承包（EPC）模式建设项目的优势、亮点

（一）该总承包（EPC）模式建设项目的优势

1. 与平行承发包模式相比，减少了建设单位施工现场的勘察、设计、室内外施工的协调工作量，能够发挥责任主体单一的优势，由工程总承包企业对质量、安全、工期、造价全面负责，责任明晰。

2. 减少了建设单位在平行发包模式下需承担的质量、安全、进度、采购等风险，减少了因平行发包所带来的工期索赔、费用索赔、质量纠纷。

3. 可以通过固定价合同和风险分担，控制投资总额，有利于降低工程投资风险。

（二）该总承包（EPC）模式建设项目的亮点

杜绝了工程签证的发生，有效的控制了工程造价；每平方米单价固定，工程款支付节点明确，工程款审核简便高效，不需专门的造价咨询单位审核，减少了建设单位聘用造价咨询单位的费用支出。总承包单位负责施工过程中的手续办理，建设单位仅需要配合和做些简单的协调工作。

三、该总承包（EPC）模式建设项目实施过程中存在的问题及合理化建议

（一）存在的问题

1.EPC 总承包模式是一种新型的模式，建筑市场一直以来均由建设单位负责市政配套工作，此项工作可谓已轻车熟路，而总包单位经验较缺乏，工程总承包企业在实现设计、采购、施工等各阶段工作的深度融合和资源的高效配置方面缺乏经验。总承包单位派驻现场项目部的实力水平几乎决定了本项目完成预定目标的成功与否，实力水平体现在总包单位项目部的管理水平、与政府及水、电、气、热等部门的协调能力、技术能力、现场组织能力、劳务队伍的选择能力、对劳务队伍的管控能力、纠偏能力。该项目设计单位是联合体中标单位，总包单位应设立设计管理部，由设计院人员组成，现场负责设计的总工不应是施工单位的工程师，现场的工程师发现问题或者建设单位、监理单位提出的问题，仍需由施工单位的现场总工反映给设计人员，增加了协调的线路、时间，管理线路越长，越容易出现信息沟通不畅，出图慢，特别是室外工程，很多情况只有电子版即开始施工，根本没有图纸会审的时间，不利于及时指导施工以及和建设单位、监理单位的及时沟通。

2. 总包单位基本专长于某一方面，比如，专长房建施工，但是室外市政工程项目很不熟悉，配套队伍又不专业，即便有监理单位现场监督，由于施工的不专业，也会造成施工过程中众多的质量问题和安全隐患。EPC 模式下的房屋住宅小区的建设，有房建、市政管网、道路、绿化施工，施工内容琐碎、复杂，各专业队伍交叉作业施工，多工种施工队伍几十家，对 EPC 管理的认识不足，施工企业内部沿用传统的管理模式，从资源调整到政策的扶持，不能较好地满足 EPC 项目的运行需求。

3. 联合体有关专业施工单位的工程款项经过总承包单位支付，即便建设单位按合同支付工程款，联合体有关单位不一定能够及时得到足额的工程款，造成施工进度缓慢。

4. 招标文件中技术要求不严谨，如不低于某某项目工程标准，某某项目标准既不是国家标准，也不是行业标准，即使现场观摩，也只是表观现象。

5. 招标文件规定了建设手续办理由总包负责，人员及办公费用已包括在投标报价中，在办理手续时的费用缴费方面由谁承担，界定不清楚。

6. 付款条件中，对于室外市政园林工程款的支付节点过于笼统，不便于具体操作，例如回填土完成，回填土完成是指车库顶绿化范围内的种植土回填完成，还是指道路管线的回填土完成呢?

7. 进度的控制方面，由于施工单位项目部自身能力和定位等问题，不能很好的掌控整个施工阶段，在出现进度滞后问题时，不能积极主动的协调调动各参加方，更无法提前对影响进度滞后的因素分析解决，一旦进度滞后很难弥补。

8. 总包单位没有专门的部门和专业的人才来办理建设手续，基本都是由施工管理人员兼职，施工管理人员没有这方面经验，出现问题后不知所措，没有统一的计划安排。

9. 现场项目部关键岗位的管理人员流动性太大，重要岗位的人员抽调频繁，后续新进人员很难很好地衔接。

10. 自来水、热力、燃气、电力、有线电视、网络运营商等工程都属于总承包范围，根据现行政策规定，这些专业施工单位无法同总包单位签订合同，其签订单位需同建筑规划许可证保持一致，且涉及竣工后与小业主及物业单位移交问题，特别是公建部分。无法同总包单位签订合同，那么 EPC 承包

价款中的配套工程费用也不适合由建设单位支付给总包后再由总包单位付给配套单位，发票只能开给合同签订单位即建设单位，但如此又造成总包单位无法抵税。

（二）合理化建议

1. 总包单位项目部应设置设计管理部，因本项目是施工单位和设计单位的联合体投标，设计总工应有设计单位的项目负责人担任，须常驻现场，确实不能常驻的，应每周来两次工地，另派一名熟悉业务的设计工程师常驻现场工作。设计总工应综合考虑设计进度、查验现场，对于施工现场中遗漏的或者需要修改设计的，及时主动补充完善，主动解决设计问题，而不是施工单位有问题反映给设计单位，设计单位再去解决，这样才能真正发挥EPC设计施工总承包的优势。

2. 对于像本项目这么大的小区，施工单位项目部管理人员应分3个片区配置，分片办公，管理人员应相对分离固定，每个片区的负责人应是项目副经理级别，片区负责人应具有对管理人员、施工队伍的绝对管理权及片区内的各类资源调度权。

3. 总包单位项目部应成立开发部门，协助配合施工现场的施工管理，对建设手续办理的各个关键点提前作出预控，融入到整个施工过程。人员应固定，具体负责建设手续办理、消防、自来水、燃气、电力、节能、人防等专项验收以及档案移交和综合验收备案工作，处理水、电、气、热、通信等的对外协调工作，建设单位可派具体人员参与协调工作，以便整合资源，提高办事效率。

4. 室外市政工程、园林工程是总包单位的弱项，应要求总包单位联合专业资质单位施工，让专业的队伍干专业的事。室外市政施工应划分3个区域，或者3个不同的市政施工单位。

5. 在招标文件中可以要求在总包单位没有按照建设单位付款的比例付给专业单位时，直接拨付给专业施工单位。

6. 明确建设手续办理过程中费用缴纳由谁负责。政策规定必须以建设单位名义缴纳的费用，建议由建设单位缴纳，不再由施工单位缴纳。

7. 室外工程进度付款在合同中单列付款进度节点，按专业特点划分明细，便于控制质量和计量。

8. 勘察阶段不宜列入总承包招标内容，在没有勘察资料的前提下，严重影响设计工作的开展和EPC报价的准确性。采用EPC模式，必须首先有详细的设计任务书（包括室内、室外），各种详细的勘察报告等资料，对现场各种做法要详细明确，避免后期由于做法变更或品质提升从而导致造价变化过多，对较大变更的经济签证问题，建议有个明确的数值划分界限。招标前应完善方案设计工作，包括单体建筑及室外工程，有利于施工图设计及造价控制。明确总承包技术要求，主要装饰材料和设备应具体，可要求相当于“某品牌”标准，对于结构和装饰工程中的隐蔽工程满足规范要求即可。对于“营改增”、环保治理及市场因素引起的人、材、机等费用的涨价，可规定一定的价格上涨风险比例。在招投标过程中可约定按照平方米造价或相关配套费用总和的比例来计算配套费用，这部分费用如遇政策变化可以调整，便于双方合理承担风险。

9. 合同中明确大的进度节点和建设手续办理的节点（可以适当细化为房建和市政园林两部分节点），项目各实施阶段的目标必须明确，同工程款支付节点相结合，在平时完不成节点的时候，启动违约处罚措施。

10. 在合同中明确重要岗位的管理人员服务期限，提前离岗或者不作为的，有具体的处罚措施。

11. 政府部门应针对EPC模式进行管理创新，主管部门应出台相关文件，使EPC总承包单位可通过建设单位出具的相关委托书等形式可以与市政水、气、电、热等配套单位签订合法的相关小配套合同，也可规定配套单位直接对接总承包单位。这样配套单位可以将小配套费用的发票开给EPC总承包单位。在办理建设手续的费用缴纳上，允许总承包单位以其单位的名义缴纳。

结语

总之，在EPC工程实践的过程中，需要政府建设主管部门的管理制度和程序作好与EPC总承包模式的对接，各参建单位需改变传统的管理模式和意识。目前虽然会有这样那样的问题存在，相信经过参建各方和政府有关部门在工作中的不断改进和完善，不断促进工程管理水平的提高，EPC总承包模式将会得到更广泛的应用。

参考文献

[1]《建设项目工程总承包管理规范》GB/T 50358-2017.

[2]《建设项目工程总承包合同示范文本》GF-2011-0216.

“行业自律+互联网”管理模式的研究与实践

史红
重庆市建设监理协会

一、研究背景

2014 年 10 月，在重庆武隆召开的“区域建设监理协会工作联席会”第二次会议上，重庆市建设监理协会提出建立行业信息资源共享机制，经会议研究决定由重庆市建设监理协会与深圳大尚网络技术有限公司共同研发“行业自律信息区域共享平台”（暂定名，以下简称“自律平台”），并在重庆市先行试点，研发费用由两家研发单位自主协商解决。

二、行业自律的意义

行业自律是对行业自身行为的自我监督和制约，包含着对行业内成员的监督和保护的机能，实行行业自律能促进从业人员的职业自律精神，促使行业遵守和贯彻国家法律、法规政策，净化市场环境，避免恶性竞争，实现对经济秩序的自我调控，使行业在市场经济环境中得以生存和发展。

三、创新管理模式的必要性

2014 年，国务院（2014~2020 年）《社会信用体系建设规划纲要》及住建部建管司《住房城乡建设部建筑市场监管司 2014 年工作要点》中分别提出要建立科学、有效地建设领域从业人员信用评价机制和失信责任追溯制度，探索建立建筑市场行为信用评价机制，推进诚信奖惩机制的建立。

2015 年在国务院常务会议国务院总理提出运用互联网和大数据技术加强建设信息在线备案，用“制度 + 技术”的手段完善有关部门对建设项目的在线监管；充分发挥行业协会的组织作用，加强行业自律管理。

2016 年，住建部《住房城乡建设事业“十三五”规划纲要》《2016-2020 年建筑业信息化发展纲要的通知》中又分别提出：“进一步发挥工程监理在保障工程质量中的作用，大力提高监理单位现场服务的标准化、信息化、规范化水平，扎实做好施工阶段监理。”“加强信息技术在工程质量安全管理中的应用，建立完善工程项目质量监管信息系统，对工程实体质量和工程建设、勘察、设计、施工、监理和质量检测单位的质量行为监管信息进行采集，实现工程竣工验收备案，建筑工程 5 方责任主体项目负责人等信息共享，保障数据可追溯，提高工程质量监管水平。”

由此可见，运用互联网、云技术建立健全诚信评价体系，加强工程建设项目事前、事中、事后的监管与服务，建立政府、行业与企业信息的联动共享机制，是国家信息化发展的战略方向。创新才能发展，行业协会要紧跟时代，正向引导市场行为，利用互联网技术为行业服务，促进行业的健康可持续发展。

四、研究研发的目的

（一）充分发挥行业自律的作用，增强诚信自律意识，规范从业行为，营造良好的执业氛围，提升全行业服务能力及水平，体现监理的服务价值。

（二）建立更科学有效的管理体系和良好的市场竞争机制，逐渐打破管理边界，消除行业壁垒，填补行业诚信自律评价死角，为行业监管和建立社会信用评价体系提供有效的信息数据支撑。

五、行业存在的问题分析

（一）行业——定位不明确，缺乏履职工作标准、诚信（信用）评价体系，行业信息不对等，信息体系不健全，特别是非注册类人员基本没有相关的人事数据，执业行为无记录、可追溯性差，行业管理也缺乏完整的信息数据库。

（二）市场——竞争环境恶劣，低价竞争、同质化竞争突出。

（三）企业——管理手段落后、管理成本高、管理能力低，企业的人才培养机制不健全、人才配备不足、技术水平不高、履约能力不强。

（四）人员——人才匮乏、流失严重，整体素质不高、执业能力偏低，人员流动性较大，还存在职业道德、诚信缺失等。

（五）服务——总监到位率低、履职服务水平较差，对施工质量安全管理可控性差。

六、重庆市行业自律工作历程

协会自2003年开始与会员单位签订行业自律公约，2010年开始实施行业自律检查，主要采用传统的集中检查方式进行，2013年重新修订自律公约，尝试常态化随机抽查方式，并及时在协会网站公布检查情况，虽然得到会员单位的关注和认同，但由于协会自身条件的限制，自律检查覆盖面最多仅占全市在建监理项目的0.55%左右，行业自律仍无明显效果，不能体现行业自律的作用及价值。

七、“自律平台”的研发思路、定义及方法

（一）研发思路

1. 通过“自律平台”实现企业、从业人员和监理项目的信息交互查询，实现项目信息自动统计，实现线上与线下自律检查同步进行，提高自律检查频次和工作效率。

2. 选择愿意参与研发试点的企业，走访调研其所属在建项目监理机构的信息化管理程度，确定试点企业及项目。

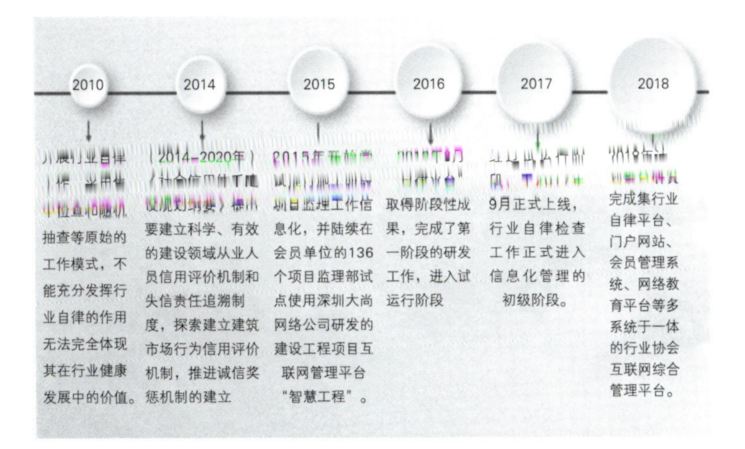

2014~2017年从业人员数量对比统计　　单位：人

年度	重庆市								全国				
	从业人员数合计	注册监理工程师		地方培训人员		其他从业人员			从业人员人数合计	注册监理工程师		其他从业人员	
		人数	比率	人数	比率	人数	比率			人数	比率	人数	比率
2014年	16262	2372	15%	12408	76%	1482	9%		941909	137407	15%	804502	85%
2015年	21193	2576	12%	14389	68%	4228	20%		945829	149327	16%	796502	84%
2016年	22161	3006	14%	16154	73%	3001	14%		1E+06	151301	15%	849188	85%
2017年	25273	3556	14%	7763	31%	13954	55%		1E+06	163944	15%	907836	85%

3. 采用研发与试点同步的方式研究开发“自律平台”的应用功能。

4. 通过行业自律检查数据信息的积累，形成项目监理机构履职情况及从业人员执业行为信息数据库。

5. 借助“自律平台”的互联网技术整合有效信息资源，促进实现监理工作规范化、标准化管理。

（二）“自律平台”的定义

1. 行业自律动态管理平台。

2. 真实有效的大数据。

3. 实时智能的数据分析。

（三）“自律平台”数据来源

企业端——建设工程项目互联网管理平台“智慧工程”，由企业权限设置并开放自律检查所需相关数据（本会免费提供会员单位使用“智慧工程”）。

智慧工程——企业的工作平台，执业行为、项目实施阶段全过程真实数据记录。

协会端——行业自律项目现场手机 APP 移动云检，一键发送与 PC 端同步信息。

自律平台——协会的工作平台，数据采集、检查、评价、统计分析、辅助决策。

政府平台——政府相关部门开放的权威数据信息。

互联网——社会评价、企业评价、精准过滤供参考。

（四）实现信息交互

八、研究实践及成果

（一）帮助企业实现监理履职过程信息化管理零突破

为配合“自律平台”的研发工作，同时推动全行业信息化建设，协会与深圳大尚网络技术有限公司协商，由协会出资免费为会员单位提供建设工程项目互联网管理平台“智慧工程”。

2015 年 4 月正式开启“自律平台”研发试点工作。

（二）经过 4 个多月的研发和项目试点，2015 年 7 月底“自律平台”顺利进入前期研发测试阶段。

（三）2015 年 8 月 27 日上午，由协会在重庆金质花苑酒店隆重成功组织“工程监理项目信息化管理平台行业观摩会”，观摩会采用实体项目现场演示，展现了“行业自律平台”“智慧工程”两大信息化管理平台的协同效果，两平台都实现了 PC 端与手机 APP 端的无缝连接，打破了传统软件的管理模式，通过互联网技术实现不同管理平

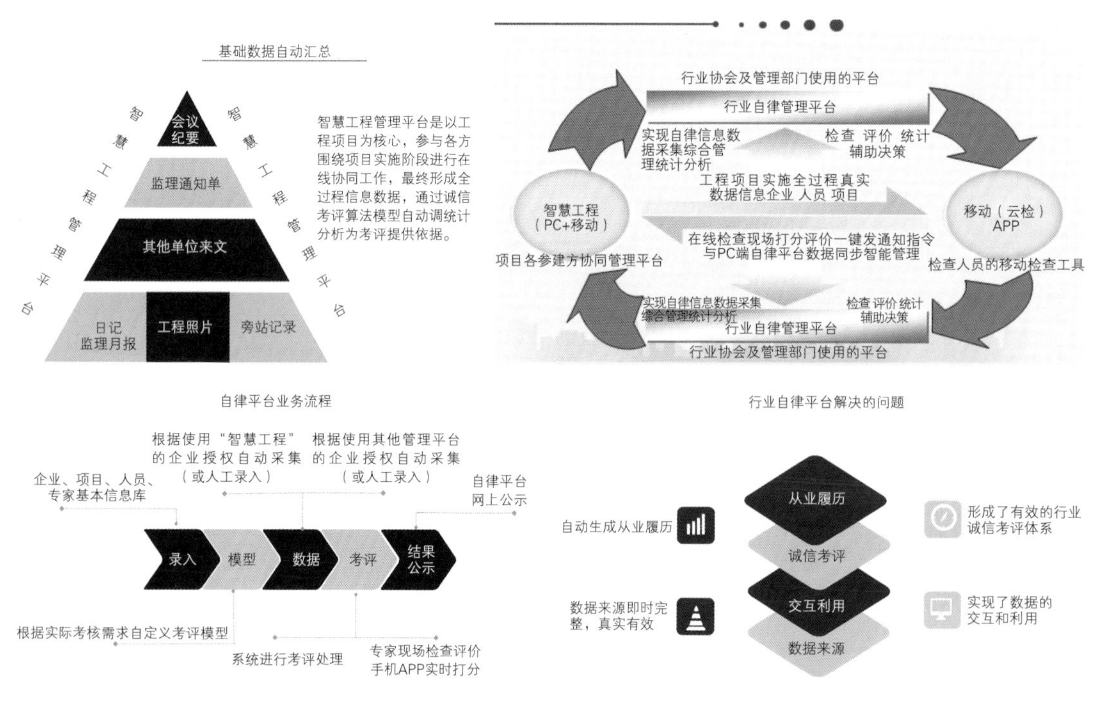

自律平台业务流程

行业自律平台解决的问题

台的数据信息实时交互、同步共享，为建立工程项目过程监管信息体系打开了新的篇章。

观摩会除会员代表和重庆市相关行政主管、监管部门领导外，还邀请了中国建设监理协会领导以及上海、四川、贵州、云南、陕西、内蒙古、宁夏、新疆、广西、广东、河南、海南、吉林、成都和中建监协船舶分会等15个省、市、自治区协会领导和企业代表近200人到会观摩。

（四）2016年，结合协会组织参编，由重庆市城乡建设委员会发布的重庆市工程建设标准《建设工程监理工作规程》DBJ50/T-232-2016，重新研究自律检查标准，评估前期研发的功能，在优化完善原有功能的同时，调整“自律平台”功能架构，结合项目信息化试点，深化研究自律检查的指标体系，使“自律平台”在后期迭代升级和智能化功能研发中更具拓展性。

（五）经过一年多的试点研发，“自律平台”进入阶段性成果测试，2016年8月30日协会组织召开了“自律平台”阶段性成果评审会，由中国建设监理协会，北京、天津、上海、重庆、海南、宁夏等6个省市自治区建设监理行业及重庆市建设工程质量监督部门共计11位专家组成的专家组对“自律平台”进行了阶段性成果评审验收。

专家组得出评审意见：“自律平台”的研究方向定位准确，基础研究工作扎实。数据采集方式、评价模式及数据组织统计形式属行业创新，其研发水平达到国内领先。“自律平台”的推广应用可以提升监理协会行业管理工作效率和社会效益，为未来诚信体系的建设提供了客观的数据支撑，奠定了客观、科学、智能的行业评价体系基础。在进一步深化和完善后，推荐在全国监理行业推广应用。”

评审专家组对“自律平台”的成果给予了充分肯定，同时提出以下建议：

1.“自律平台”下一步应该考虑与政府信息平台形成互联互通，实现数据共享，确保信息的完整性和及时性；

2.解决好“自律平台”维护费用、成本等资金问题；

3. 优化数据采集方法，落实信息数据的安全问题和存储问题，规范信息数据抽取及公开的范围和权限；

4. “自律平台”内的数据信息不宜过于繁琐，应相对简化，避免只有数据的堆积，让用户得到最直观的信息；

5. 建议“自律平台”名称改为“管理平台”，并把协会网站和“自律平台”合并在一起，更能体现本平台的综合性；

6. 加强对个人和企业诚信信息的建设和管理，除对项目进行评分外，还要增加对人员和企业的评分；

7. 建议主管部门出台相关文件推行“自律平台”，并制定统一的评价标准，提高企业参与的主动性。

（六）自律平台的创新及突出点

指标设置——灵活自定义、可增、可减、可修改；

权限管理——智能多维、确保信息安全；

核心数据——采集多样、智能便捷、可查可追溯；

测评分析——系统模型、架构可扩展；

资源共享——跨区域、无边界联动互通、实时更新。

2017 年 7 月 13 日经国家科技查新鉴定，“自律平台”的评价指标模型化、检查评价表单电子化及检查评价多维化技术为全国科技创新（报告编号：J20170617605）。

2017 年 7 月 31 日，在协会第五届会员代表大会上举行了“自律平台”的启动仪式。

（七）“自律平台”的后续研究发展

2018 年开始协会的自律检查已根据协会 2017 年 11 月发布的重庆市行业标准《重庆市建设工程监理工作标准（试行）》将 34 项内容细化成 102 个具体检查指标，并在 8 月份研发完成通过“自律平台”实现 42 项指标的自动采集统计，第四季度将进入行业自律在线检查的试运行阶段，“自律平台”在不断地进行功能优化迭代升级，未来的行业自律将实现真正的无纸化在线管理。

同时，“自律平台”在 2018 年将转型为“重庆市建设监理协会综合管理平台”（以下简称“协会综合管理平台”）。

截至 2018 年 3 月已完成门户网站、会员管理系统、专家库、在线教育系统、信用评价系统、云检 APP6 个子平台的重组功能设置，以及除信用评价系统外的主要功能研发，其功能将覆盖协会所有的服务及业务范围，将在后续不断的功能优化过程中分阶段提升其智能化程度，形成行业服务信息集成化、智能化、智慧化、科学化，促进提升行业协会的综合服务能力。

九、研究总结及建议

（一）经过两年多的研究实践，行业自律工作已经初步实现互联网信息化管理模式，通过对自律检查信息指标的分类统计，能深度挖掘信息数据实用价值，充分利用信息资源优势为行业发展服务。

（二）实践过程中发现全行业的信息化管理程度仍然滞后于时代，还需要进一步加强引导和积极推动。

（三）加强与业务主管部门的沟通协商，争取政府更多的支持，形成“自律平台”与政府监管平台的信息共享互通互补，体现信息数据的重组价值。

（四）继续“自律平台”的深度拓展研发，开放平台底层数据接口，包容现实存在的相对成熟的各类建设工程项目管理系统及软件，研究 BIM

自律检查评分项目统计表

检查项目 / 被检项目名称	1.1/8分 得分	是否整改	1.2/2分 得分	是否整改	1.3/3分 得分	是否整改	1.4/5分 得分	是否整改	1.5/2分 得分	是否整改	2.1/2分 得分	是否整改	2.2/5分 得分	是否整改	2.3/3分 得分	是否整改	2.4/3分 得分	是否整改	2.5/2分 得分	是否整改	2.6/2分 得分	是否整改	2.7/2分 得分	是否整改
[illegible]	8	否	2	否	3	否	0	是	2	否	0	是	5	否	3	否	3	否	1	否	2	否	2	否
[illegible]	8	否	2	否	3	否	5	否	2	否	2	否	5	否	3	否	3	否	0	是	2	否	2	否
[illegible]	8	否	2	否	3	否	5	否	2	否	2	否	3	是	1	是	1	是	2	否	2	否	2	否
[illegible]	8	否	2	否	3	否	3	是	2	否	2	否	5	否	3	否	3	否	0	是	2	否	2	否
[illegible]	8	否	2	否	3	否	2	是	2	否	1	是	5	否	3	否	缺项	/	0	是	0	是	0	是

检查项目 / 被检项目名称	2.8/6分 得分	是否整改	2.9/2分 得分	是否整改	2.10/3分 得分	是否整改	2.11/5分 得分	是否整改	2.12/2分 得分	是否整改	2.13/2分 得分	是否整改	2.14/2分 得分	是否整改	2.15/2分 得分	是否整改	2.16/2分 得分	是否整改	2.17/5分 得分	是否整改	2.18/5分 得分	是否整改	2.19/2分 得分	是否整改	2.20/3分 得分	是否整改
[illegible]	6	否	2	否	2	否	5	否	缺项	/	缺项	/	0	是	缺项	/	缺项	/	5	否	5	否	1	否	缺项	/
[illegible]	6	否	2	否	2	否	5	否	2	否	2	否	缺项	/	缺项	/	缺项	/	5	否	5	否	2	否	缺项	/
[illegible]	6	否	缺项	/	3	否	4	否	2	否	2	否	1	否	缺项	/	缺项	/	5	否	5	否	2	否	3	否
[illegible]	4	是	缺项	/	3	否	4	否	2	否	缺项	/	缺项	/	缺项	/	缺项	/	5	否	5	否	2	否	缺项	/
[illegible]	4	是	缺项	/	0	是	4	否	缺项	/	2	否	2	否	缺项	/	2	否	5	否	5	否	1	否	缺项	/

检查项目 / 被检项目名称	3.1/2分 得分	是否整改	3.2/5分 得分	是否整改	3.3/2分 得分	是否整改	3.4/2分 得分	是否整改	3.5/2分 得分	是否整改	3.6/2分 得分	是否整改	3.7/2分 得分	是否整改	3.8/3分 得分	是否整改	得分率	整改项总数	缺项总数
[illegible]	2	否	5	否	0	是	1	是	2	否	1	是	1	否	3	否	80.90	6	6
[illegible]	2	否	5	否	1	否	1	是	2	否	2	否	0	是	3	否	92.31	3	4
[illegible]	2	否	3	是	2	否	2	否	2	否	2	否	2	否	3	否	89.36	4	1
[illegible]	2	否	2	是	2	否	2	否	2	否	2	否	1	否	1	否	87.36	4	6
[illegible]	2	否	2	是	2	否	0	是	2	否	1	是	1	否	3	否	70.45	10	5

序号	单位名称	下属项目	项目数	地域	日记	日志	工程照片	发文	资料柜	项目资料合计	单位资料合计
1	重庆联盛建设项目管理有限公司	内蒙古少数民族群众文化体育运动中心一期工程	15	重庆	0	0	0	0	0	0	38592
		和记黄埔杨家山片区商住项目			307	196	289	51	48	891	
2	CCSIR重庆市建筑科学研究院	盘龙体育公园	26	重庆	22	11	27	0	0	60	849188
3	重庆新鲁班工程监理有限责任公司	保利观塘-一期B2	42	重庆	58	5	19	0	0	B2	17391
4	重庆华兴工程咨询有限公司	龙湖两江新宸-二期2标	20	重庆	859	274	1186	112	374	2805	17123
5	重庆天合建设工程监理有限公司	环球广场老旧商务楼宇改造项目	42	重庆	0	0	0	0	0	0	17123
		储奇门顺城街危旧房改造工程			110	96	78	322	309	915	
6	重庆兴宇工程建设监理有限公司	天堂堡人行天桥项目	13	重庆	0	0	0	0	0	0	14007
					666	0	7	6	6	685	
7	重庆南州建设监理有限公司	綦江红星国际小区B区（G04地块4~6号楼及对应底商）	11	重庆	15	15	62	0	15	107	9075
		彩云台			0	0	0	0	0	0	

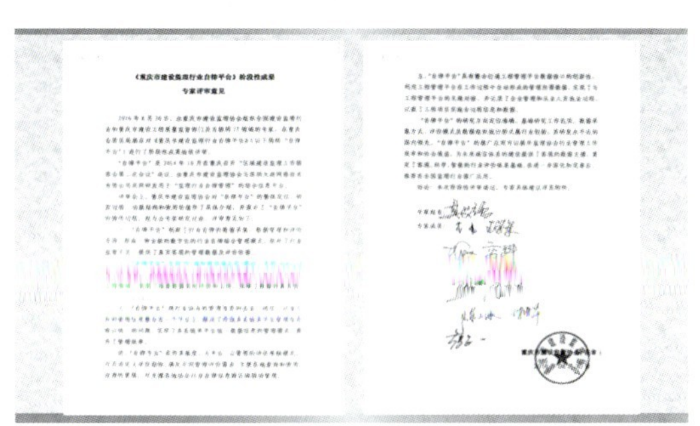

“重庆市建设监理行业自律平台”阶段性成果专家评审意见

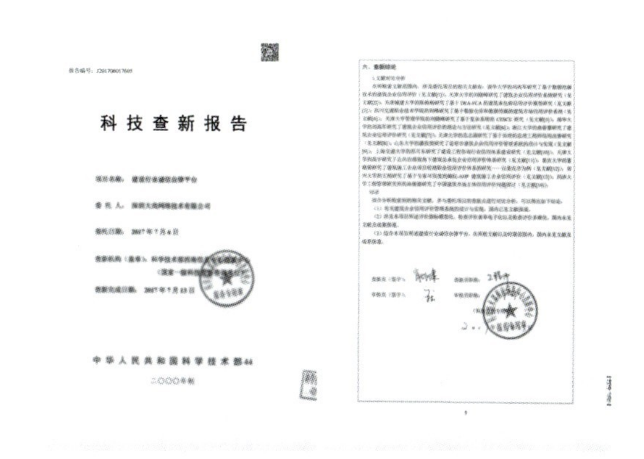
科技查新报告

中华人民共和国科学技术部制

二〇〇〇年制

的应用管理，实现数据多渠道自动采集，建立全新的智能分析评估体系。

（五）继续坚持自律工作常态化，争取监管部门和政府的相关支持，提升行业自律的权威性。

（六）研究建立行业清除机制，制定奖惩机制，奖优罚恶，树立行业正气，引导行业健康发展。

建设监理行业自律平台评审专家名单

姓名	单位	职务、职称	备注
修璐	中国建设监理协会	副会长 秘书长	
王学军	中国建设监理协会	副会长	
商科	陕西建设监理协会	会长	中监协副会长
李伟	北京市建设监理协会	会长	
周崇浩	天津市建设监理协会	会长	
龚花强	上海市建设工程行业咨询协会	副会长/教高	
马俊发	海南省建设监理协会	副会长	
蔡敏	宁夏建筑业联合会	副会长	
付晓华	重庆市建设工程质量监督总站	副会长	
贺渝	重庆渝北区建设工程质量监督站	站长	
陈山冰	重庆建筑科学研究院	高工	

重庆市建设监理协会综合管理平台结构

◆由门户网站、会员管理系统、专家库、在线教育系统、信用评价系统、云检APP六个子平台组成综合管理平台，可满足监理协会的全部管理需求；

◆各子平台信息数据自动采集、互联互通、形成大数据中心；

◆建立完善的信息共享和推送机制，可将数据对接其他机构。

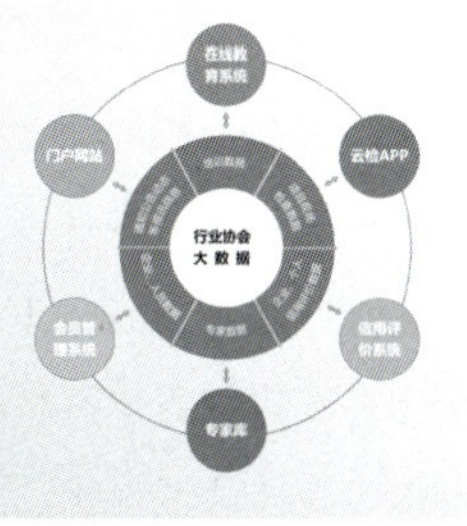

浅谈监理企业转型升级发展及业务模式的拓展延伸

田子腾
中咨工程建设监理有限公司

摘　要：监理企业本就是为工程项目管理而设的，其收益又不与建设项目的目标体系直接相关，因此本质上同项目业主的利益趋同；其拥有的资源适合知识密集型投入而非资金密集型投入，凡此种种决定只有监理企业最适合开展工程项目管理。工程监理企业要坚定信心，抓住机遇，在原有施工监理的基础上顺势而为，向两头延伸，逐步由施工监理过渡到全过程全方位监理，从而实现真正意义上的项目管理。

关键词：项目全过程管理　能力升级　改革与发展　人才

一、国内工程监理

建设监理是市场经济发展的产物。工业发达国家的资本占有者，在进行一项新的投资时，需要一批有经验的专家进行投资机会分析，制定投资决策。项目确立后，又需要专业人员组织招标活动，从事项目管理和合同管理工作，建设监理业务便应运而生，而且随着市场经济的发展，不断得到充实完善，逐渐成为建设程序的组成部分和工程实施惯例。推行建设工程监理制度的目的是确保工程建设质量和安全，提高工程建设水平，充分发挥投资效益。

我国的建设工程监理制于1988年开始试点，1992年在全国范围内全面推行工程监理制，到1996年起开始了全面发展。1997年《中华人民共和国建筑法》以法律制度的形式做出规定，“国家推行建筑工程监理制度”，从而使建设工程监理在全国范围内进入全面推行阶段。从法律上明确了监理制度的法律地位。

二、工程监理公司向全过程项目管理公司转变的必要性

中国监理事业经过几十年的发展，从无到有，从小到大，对提高建设工程质量，有效利用建设资金发挥了重要作用。但是到目前为止，中国的建设监理制度仍不成熟，不完善，在工程实践中主要表现在企业职能主要是施工阶段的监理，而不是建设全过程的“三控、两管、一协调”，这与当初引进监理制度的构想有一定差距，也与欧美发达国家咨询监理的模式背道而驰。这种局面不仅严重妨碍了制度的进一步成熟和完善，阻碍了我国监理行业与国际接轨的步伐，也使各监理企业向业主所提供的服务趋于雷同，从而导致监理企业之间的恶性价格竞争，严重影响了我国监理行业的发展。

试想，与其大家整体在低端价格战中苦苦挣扎，不如去探索新的道路，开辟新的业务方向，继而完成华丽的转身。工程监理企业要坚定信心，抓

住机遇，在原有施工监理的基础上顺势而为，向两头延伸，逐步由施工监理过渡到全过程全方位监理，从而实现真正意义上的项目管理。

三、工程监理公司如何发展成为全过程工程项目管理咨询公司

依据我国目前的实际国情，包括工程咨询企业、工程监理企业、造价咨询企业、招标代理企业、设计单位、其他类咨询服务公司、其他质量检测机构等具备成为项目管理公司的一定条件，也是发展成为全过程项目综合管理的“潜力股”。这些相关的公司企业都能相应的提供项目管理的部分专业服务，但是无论哪一类要想成为项目管理公司，它们的功能都还不全面，都有一个“发展”的问题存在。结合目前国际趋势及国内的政策、市场导向，我国的工程建设监理，无论在管理理论和系统方法上，还是在业务内容和工作程序工作经验上，通过从无到有从弱到强的不断积累，不断规范，不断创新，适应市场竞争的能力日益增强，从而为项目管理公司的发展创造了条件。所以笔者认为只有工程监理企业是目前最有可能发展成为项目管理公司的。

工程监理企业虽然是发展成为全过程项目管理企业的最大的“潜力股”，但也需要完善升级很多内容，主要包括以下几个方面：监理公司资质的升级；监理行业门槛的升级；监理队伍素质的升级；设计管理能力的升级；合同管理能力的升级；造价管理能力的升级；项目实施组织能力的升级等。简单说来可总结为：实际工程监理公司 + 增加相应资质 + 吸收多元化人才 + 加强相应管理模式 + 其他必要条件 - 全过程项目管理咨询公司。

（一）提高门槛，增强素质，吸收人才

监理制度作为舶来品，通过目前我国监理公司业务现状与欧美发达国家对比不难发现，国外监理进入门槛高，能力强，素质高，权力大，这些不仅是法律中定义完成的，也是监理工程师的自身素质决定的。在欧美发达国家，监理工程师不仅具有丰富的管理经验，还能熟练运用 FIDIC 条款，遵循国际惯例。通过学习、实习、考试面试、工程实践、颁发证书等 5 个阶段获得监理工程师从业资格。英美咨询监理业务发展均要求达到“宽、深、长”的高水准程度，无论英国 QS 制、美国 CM 方式，还是 20 世纪 60 年代以来在美、德、法、日、等国广泛采用的 PM 制，核心都是对监理工程师的地位、资格、职责、义务、工作方式及同业主、施工单位等在法律、经济上的定格，他们的服务范围已逐步扩展到从项目前期论证到项目实施管理到后期评估等一整套系统建立。这样优秀的人才及完善的模式自然而然带来了项目的优质完成及监理工程师自身的优厚酬金。

通过对比不难发现，国内的监理队伍及监理体制建设与国外比还是有一定的差距，我们应加强自身队伍素质、道德、业务能力的建设，从而让市场更加主动的接受、认可我们国内的监理体制，而不是单一的通过法律的强制条款进行严格规定。首先我们需要做的就是加强优质的人才的培养和引进，让更有能力的人更有责任心的人去胜任监理工程师，剔除那些行业中的蛀虫，让监理行业摆脱工程人眼中“干休所”的看法，正所谓打铁还需自身硬。通过这些方法，让市场觉得更需要监理行业，从而达到监理合同及费用的增长。经济增长的同时，也会吸引更多的人才，最终达到一个完美的“通过人才增加加强了管理质量，通过管理质量的加强增加了酬金，通过酬金增加吸引更多人才进入”的行业良性循环。

（二）增加企业资质，扩大业务范围，改革内部管理

根据目前监理行业现状，并结合中国国情，笔者认为可以通过如下方式实行监理行业业务范围的扩大。

第一，由现有监理企业申请新的资质。工程管理咨询公司从事工程的全过程、全方位的管理咨询，所涉及的工作内容相当广泛，因而其资质要求也相当高、相当广泛。与工程建设直接相关的资质主要包括：监理资质、施工图审查资质、造价咨询资质、招标代理资质等，而每一项资质又进行了细化分类，如市政类资质、道路类资质、电气类

资质、房建类资质等，还涉及甲、乙、丙类资质分级。此外，由于工程行业亦涉及金融、经济、法律方面的工作，所以还必须得到金融、经济、法律方面的从业资格认可，如审计资质等。

第二，现有企业间的重组、并购。企业重组是对企业原有、既有各类资源要素（包括企业本身），运用经济、行政和法律等手段，按照市场经济规律实施的重新组合，它是在不同企业间对原有、既有的各类资源要素进行重组。

对于规模较大的监理企业，由于本身具备相当的资质条件和人力、物力、财力，所以有能力收购其他小型企业，从而进一步扩大资质范围，补充人员，扩大企业规模；对于中等规模的监理企业，可通过监理企业之间，监理企业与其他建设管理相关企业进行合并，取长补短，进行优势互补、资源共享；对于规模较小，竞争力较弱的监理企业，应更积极主动地进行企业重组，通过与其他企业合并或融入其他企业中的方式来维持自身的生存。

（三）升级企业管理能力，改变企业管理模式

1. 项目实施组织能力升级

国家推行工程总承包和项目管理制度，当承包商真正走向更大范围和深度承包的时候，工程监理企业也就不得不走向更全面的项目管理服务，而不能再在“仅仅当个监工”这个浅显的层面上。当一个建设工程项目确立之后，工程监理企业按照项目管理合同的约定，在工程设计阶段，负责完成合同约定的工程初步设计等相关监理工作；在工程实施阶段，为业主提供招标代理、设计管理、采购管理、施工管理和试运行（竣工验收）等服务，代表业主对工程进行质量、安全、进度、费用、合同、信息等管理和控制，并承担合同约定的相应管理责任和经济责任，进行项目全过程的组织能力提升。

2. 合同与造价管理能力升级

施工合同和委托监理合同共同形成监理工作的直接依据，在现实情况下，工程监理企业要提供优质管理服务，特别需要注意与招标代理及造价咨询的“无缝连接”。业主和监理单位面对的是“有经验的承包商”，他们技术过硬，管理能力强，熟悉承包方式及合同条件。监理应当主动介入施工招标过程，从项目伊始紧跟合同的制定和管理，同时监理工程师还需要按照合同约定对合同进行解释以及处理索赔及合同争议。在施工合同履行过程中，如果出现应当由业主承担责任的事件，业主应给予费用补偿。当承包商提出施工索赔时，监理工程师要按照施工合同的约定来决定索赔是否成立，并组织协调决定索赔额是多少，这对监理工程师的公正性、公平性和责任心是一个严峻的考验。在实际工作中，承包商常常对本应索赔的事件要求作一般签证处理，这时有相当一些监理工程师只是签字“情况属实”，没有依据合同判断是否属于承包商的合同责任或风险，也没有对业主应当给予多少补偿给出明确意见。这种情况的发生，正是业主不满意监理的一个重要原因，也是监理必须升级提高合同管理服务水平、规范监理操作方式和手段的地方。越来越多的业主委托造价咨询单位实施全过程造价跟踪与控制，如果工程监理失去造价控制的能力和授权，只承担质量的进度控制，合同管理将是一句空话，工程监理将失去生存和发展空间。

合同与造价相辅相成，合理分配资源利用经济也是必要的手段。所以工程监理需要重视提高对合同计价体系的认识和工程财务管理水平的提高，最终建立“通过招投标确定合同价款，依据施工合同进行工程结算”的思想观念。其中计价内容包括合同价款的构成、计价依据、计价程序、计价方法、合同类型、风险分担，价款支付的内容应包括预付款支付、中间支付、竣工支付以及清单项目支付、总价项目支付、零星项目支付，价款调整、索赔，合同终止时的价款确定，此外还包括保险、担保等方面的约定。

3. 设计管理能力升级

目前现行的工程实施主要为“设计—招标—施工”三阶段，而工程项目管理实行“三方管理模式”（即：建设单位、施工单位、政府职能部门）相当程度上阻碍了建筑业企业的技术进步，难以形成实质性的总承包能力。往往设计单位在“切合实

际”这一项中做的不够完美，导致用料浪费，工程难度大，安全系数低。然而，在监理单位中，一部分人往往从事过相关的设计工作，也有一部分人有一定的现场经验，此时，监理企业完全可以组织相关监理人员对设计规范、相关法律法规等方面知识进行培训和学习，积极不断提升自己的设计综合管理能力，再与本身的施工现场经验相结合从而在设计与施工两项过程中发挥完美的桥梁作用，也为工程顺利的实施奠定了坚实的基础，最终将项目全过程管理的步伐向前推进。

4. 企业管理模式的改造升级

既然监理企业要在业务上经行相应变更，企业内部的改革也是势在必行的。目前，一般企业内部组织管理模式多以直线管理经营为主，即公司老总领导管理一切事物，以直线方式层层下管至各个项目，然而要做到工程全过程管理并随着业务的开发企业规模的扩大，所涉及人员及部门也会相应增多，直线管理组织显然不能让某个人面面俱到。因此，可以将管理模式转变为公司内部“矩阵”式管理模式，依据项目类型对其进行相应的调整为分管部门，采用大项目经理负责制，一个项目的管理由一个项目经理自始至终形成终身责任制。接到项目后，先选定项目经理，再从公司内部相应部门选出项目组成员，组成项目部。项目经理对公司负责，项目组成人员对项目经理负责，并向公司各部门领导直接汇报工作，这种集大成的项目管理模式能更好的配合项目全过程管理，为建立企业本身的业务转型奠定基础，也能更好地为业主负责，同时也避免了出现问题后相互推诿。

结语

目前，中国正处于并将长期处于社会主义发展阶段，然而，中国人几千年来的文化基础奠定了人民的固有思维模式，改革的执行势必会很难，监理行业推行项目全过程管理的过程中势必需要接受一些西方成熟的管理经验，因地制宜地变成我们自己的东西，同时也势必要剔除掉一部分拿监理企业当“养老院、干休所”的不作为人员，面对这些问题我们需要做的即是坚持。在目前信息化时代，企业的发展需要不断地进步与吸收，谁固守不前谁即是亡。打铁还需自身硬，监理企业要想发展，仍需要不断地夯实基础、苦练内功、加速培养、吸收储备、优选人才，在项目实施组织管理、合同管理、造价管理、设计管理能力上尽快提升，尽快适应监理企业转型升级要求，全面提升自己的业务范围和工程项目管理服务水平，真正实现工程监理企业的转型，实现业务上的新突破。

浅谈如何对监理项目部团队进行管理

黄皓
山西维东建设项目管理有限公司

摘　要：本文根据在平时的监理工作积累和实际经验，对项目部管理者和总监如何进行团队管理进行了详细论述。将管理学的一些理论如目标管理、授权以及团队工作等概念结合到项目部的管理实践当中，论述了监理项目部团队的管理主要是对人的管理，要做到以人为本，从实际出发，一方面要提高自身的素质，一方面要对团队管理的目标、过程及方法有清晰的认识。
关键词：监理团队管理　授权　目标管理　团队工作

随着房地产开发的火热兴起，建筑市场大量工程陆续开展，工程监理企业也如雨后春笋般地相继成立。尽管如此，现今工程监理数量仍然不能满足市场的需求，工程监理企业存在鱼龙混杂，监理人员素质参差不齐，监理企业内部管理混乱等现状，影响了工程监理在外界的整体形象和认知度。

监理项目部是公司的组成单元，项目部内部的管理好坏直接影响到公司的效益和监理工作的开展。项目部的团队建设是总监进行管理的重点，一个和谐向上的团队，能够圆满地完成公司及总监下达的任务，能够积极主动地解决问题，寻求目标，能够拥有向心力和凝聚力，在工作的同时达到自我完善。

由于大多监理项目部内部人员素质不一，而且监理人员大多年龄跨度大，年龄最大的近60岁，年纪最小的只有20岁。工地比较分散，难以集中管理。所以如果按常规模式进行管理存在难度，这就要求我们要有新的项目部管理模式和方法才能适应市场的需求。

这里对监理项目部团队管理进行详细阐述。

一、目标管理

作为一个总监理工程师及项目部负责人，首先要确定自己的目标——在业主的委托下，对建设工程的质量、投资和进度进行控制，对工程中的合同、安全和信息进行管理，对各方进行有效协调，从而保证建设工程的顺利进行，最终能按合同竣工，让业主能够满意。同时要保证项目部能够正常运转，员工水平能够有所提升。所以所有管理都必须围绕这一个目标进行。只要总目标不变，总的方向是正确的，过程中的出现的小的问题及时解决就能够完成任务。如果过程中出现大的偏离，这就需要总监进行纠偏和控制。例如在工程施工过程中，难免会出现监理对工程中的检查或者验收的误判，没有及时发现质量或者安全隐患，这个时候就需要总监理工程师对工程的关键部位和重大安全隐患进行及时的纠偏，要求总监理工程师必须有较高的业务素质。

二、总监的素质

工程监理中对监理的要求很高，这里就要求总监理工程师必须在业务、能力和素养上具有高人一等的水平。总监理工程师首先要对工程中的各规范和要求熟悉，能够准确理解设计意图和施工过程，对工程中存在的问题能够及时发现。能够协调好各方的关系，特别是与业主的关系，对施工单位能够做到公平合理，严格认真。

三、人员培养

一个项目部能够保证方向正确，需要有一个“领头羊”。监理业务能手的培养至关重要，往往监理公司和项目部要花很多时间在监理工程师和总监代表的培养上。总监理工程师在工程实施过程中所承担的职责是比较多的，不光是要做好项目管理和工程管理，还需要协调方方面面的关系，如果所有的事情都必须总监去完成处理，有些时候真的会力不从心。所以说，总监理工程师要将工程项目的管理进行打包下放，依靠监理工程师和总监代表进行处理，或者将土建、水电安装、装修和资料进行工作分类细化。这在管理学上被称为授权。总监理工程师将自己的部分权力下放，由专业工程师或总监代表对项目部进行管理，一方面发挥了专业工程师的管理能力，另一方面总监也能减少工作压力。总监“领头羊”培养得好，将来监理业务骨干有可能成长为新的总监。这里就要求总监理工程师能够将作为一个总监所需要的素质和知识，毫无保留地传授给业务骨干，同时作到用人不疑，疑人不用。

四、抓大放小

总监理工程师每天需要协调和管理的事务相当繁复，特别需要从这些事务中解放出来；如果一个总监事无巨细，所有事情都管，不分轻重，不仅不能有效地将项目部团队管好，反而会使自己身心俱疲。按照马克思哲学中主要矛盾与次要矛盾的关系论述，要抓住事物的主要矛盾和矛盾的主要方面。管理也是如此，对管理树的主要枝干进行控制，而枝枝叶叶可以自由摆动，只要不脱离枝干就可以了。

五、防止人才流失

总监理工程师对监理工程师的甄选和培训倾注了大量的时间和精力，如果不能有效地扩充监理人员队伍，人员持续流失，总监还需要重新选择和培养监理人员，造成更多的资源浪费；而且，人员的离开会导致整个项目部团队的心理浮动，人心一散，团队也不好管理。现在监理人员数量不足，难以满足市场需求，是不可否认的事实，在有限的监理人员中再去挑选适合挑大梁的管理型监理工程师，可谓是难上加难。所以，要注意监理人员的需求，根据马斯洛的需求体系进行分析，尽可能地满足监理人员的基本要求，会达到小投资大回报的效果。

六、注重项目管理团队氛围

一个良好的监理项目部的氛围直接影响到监理工作是否能够顺利开展，也影响到监理人员每天的工作状态。著名美国管理大师彼德·杜拉克认为："由于现代企业组织是由知识化专家组成的，因此，企业应该是一个由平等的人、同事们形成的组织。知识没有高低之分，每一个人的业绩都是由他（她）对组织的贡献，不是由地位高低来评定。因此，现代企业不是由老板和下属组成的，它必须是由团队组成的。"显然杜拉克认为，在一个小的团队之内，人们之间显得更加平等，造成这种平等的原因就是人们的知识水平都普遍提高了。每个成员的工作任务、工作方法，以及产出速度等都可以自行决定。在有些情况下，小组成员的收入与小组的产出还挂钩，这样一种方式就称为团队工作方式，其基本思想是使全员参与，从而调动每个人的积极性和创造性，使工作效果尽可能好。这里工作效果系指效率、质量、成本等的综合结果。让项目部中的监理人员都参与到项目部的建设中去，都参与到项目部的管理中去，群策群力，每天将工程中发现的问题进行汇总，大家共同探讨解决方案，这时项目管理者只需要选择最优方案即可。这样，项目部的团队效率都得到了提升；同时，通过团队建设，比如设计统一的VI、统一的行动守则，学习企业的企业文化，定期进行一些拓展训练等活动，让监理对本项目部有很好的认同感和归属感。

总而言之，项目部的管理是监理公司管理的重点，也是每个监理公司及总监理工程师必须做好的事情，这直接影响到监理项目部的整体形象和工作效率，需要我们在具体实践当中不断地更新我们的管理意识和方法。

监理企业核心竞争力的塑造（上）

吕大明　王红
吉林省建信工程咨询有限公司

摘　要：中国工程建设领域实行监理制度已近30年，期间催生了大大小小的监理企业，面临新形势下工程建设发展的机制改革与创新要求，如何在众多监理企业中脱颖而出，兼向项目管理公司复合型企业成功转型强势发展，全面提升企业核心竞争力，使企业立于不败之地，文章进行了分析研究。

关键词：监理企业　核心竞争力　创新　管理

核心能力是在 1990 年由两位管理科学家哈默尔和普拉哈拉德在《哈佛商业评论》发表《企业核心能力》一文中提出的，按照他们给出的定义，核心竞争力是能使公司为客户带来特殊利益的一种独有技能或技术。

企业核心竞争力是建立在企业核心资源基础上的企业技术、产品、管理、文化等的综合优势在市场上的反映，是企业在经营过程中形成的不易被竞争对手仿效、并能带来超额利润的独特能力。在激烈的竞争中，企业只有具有核心竞争力，才能获得持久的竞争优势，保持长盛不衰。

监理企业，是以通过提供有价值的服务为手段，以获得企业发展所必须的利润回报为目的。自中国 1988 年在建设领域实行建设工程监理制度的 30 年来，中国出现了许多监理企业。那么，在众多的监理企业中如何脱颖而出，成为有核心竞争力的企业，这是一个值得探讨的话题。

如何确定企业核心竞争力？它又有什么标准呢？

企业核心能力识别标准有 4 个：

（一）价值性。这种能力首先能很好地实现顾客所看重的价值，如：能显著地降低成本，提高产品质量，提高服务效率，增加顾客的效用，从而给企业带来竞争优势。

（二）稀缺性。这种能力必须是稀缺的，只有少数的企业拥有它。

（三）不可替代性。竞争对手无法通过其他能力来替代它，它在为顾客创造价值的过程中具有不可替代的作用。

（四）难以模仿性。核心竞争力还必须是企业所特有的，并且是竞争对手难以模仿的，也就是说它不像材料、机器设备那样能在市场上购买到，而是难以转移或复制。这种难以模仿的能力能为企业带来超过平均水平的利润。

从目前国内大多数监理企业身上，很难看到能够满足这 4 点的能力，但是这不代表中国监理企业不具备核心竞争力，只是疏于识别、培育与提升。

目前监理企业发展普遍存在以下几个问题：

（一）监理企业的工作内容大多是施工阶段的见证监督，没有什么有特色的服务项目区别其他监理企业。同质化的服务，无差异的市场覆盖。

（二）利润低、竞争大。收费水平低，利润回报低，低利润又使监理企业薪资不高，薪资不高就难以吸引各专业优秀人才，没有优秀人才就制约了业务水平和服务范围，这又使得市场认为每个监理企业所能提供的服务均无太大差异，进而使监理企业的收费水平上不去，导致了一系列的恶性连锁反应。

（三）企业缺乏战略管理理念，内部机制混乱。各企业管理者更多关注的眼前的项目，对企业的未来发展没有长远打算，内部管理体系不健全，导致管理缺失、职能重叠等现象。

（四）重业务、轻服务、缺乏品牌意识。企业更多的关注业务承揽的过程，维护与业主方的关系，而轻视对于监理部的管理，形成了唯业主满意的工作态度，置监理工作准则于脑后的，无法在工作中树立公司品牌形象。

针对目前监理行业、企业现状，我们又该如何提升我们的核心竞争力呢？

《国务院办公厅关于促进建筑业持续健康发展的意见》（国办发〔2017〕19号）中提到，要提高监理企业核心竞争力。引导监理企业加大科技投入，采用先进检测工具和信息化手段，创新工程监理技术、管理、组织和流程，提升工程监理服务能力和水平。鼓励大型监理企业采取跨行业、跨地域的联合经营、并购重组等方式发展全过程工程咨询，培育一批具有国际水平的全过程工程咨询企业。支持中小监理企业、监理事务所进一步提高技术水平和服务水平，为市场提供特色化、专业化的监理服务。推进建筑信息模型（BIM）在工程监理服务中的应用，不断提高工程监理信息化水平。鼓励工程监理企业抓住“一带一路”的国家战略机遇，主动参与国际市场竞争，提升企业的国际竞争力。

《意见》中对于监理企业提升核心竞争力主要集中在以下几点：

创新：从技术、管理、组织、流程上的全面创新，进而提升服务能力和水平。

转型：从工程监理转型为全过程咨询，从同质化向专业化、特色化转型。

技术：加强新技术，特别是BIM、信息化技术的引进。

走出去：主动参与国际市场竞争。

《意见》中对于我们监理行业的整体发展，奠定了基调，首先要发展我们需要在以上4个方面进行提升，否则不要说提升核心竞争力，赢得竞争，最后的结果可能只有被淘汰。所以我们企业如果想在未来的市场竞争中脱颖而出，赢得市场，除了要满足时代的要求，还需要更进一步，打造自己的品牌、特色，才能真正的提升核心竞争力。对于监理企业如何提升核心竞争力，笔者有如下建议。

一、重视企业发展战略和经营战略

在市场化、现代化和国际化的进程中，对一个企业及其经营者来说，企业发展战略是企业参与激烈的竞争能否取胜的核心问题，具有整体性、长远性、基本性和谋略性的重要特性。

当前形势下，监理企业的发展正处在一个特殊的时期，国家对与监理企业发展提出了诸多意见，是否认可转型、如何转型、什么时间转型这些经营战略问题都困扰着监理企业的经营者。转型势在必行，但同样存在着风险，这就要求经营者能够审时度势、找准定位、抓住时机。制定准确、可达成的战略规划，为企业的发展指明方向，同时加强内部机制建设，打造符合发展战略的内部结构与管理体系。没有战略的企业，就像没有方向的船，是无法到底彼岸的。正确战略的定位及发展战略、经营战略实施，能够为提升企业核心竞争力创建良好的条件，也会为企业长期稳定地发展打下坚实的基础。

发展战略的本质就是要实现企业的发展，企业如何来发展呢？通常来说，企业要实现发展，就需要思考4个问题：

（一）企业未来要发展成为什么样子？（发展方向）

（二）企业未来以什么样的速度与质量来实现发展？（发展速度与质量）

（三）企业未来从哪些发展点来保证这种速度与质量？（发展点）

（四）企业未来需要哪些发展能力支撑？（发展能力）

这 4 个问题是以企业发展为导向，关于这 4 个问题的回答就能系统解决企业的发展问题，它们分别解决企业的发展方向、发展速度与质量、发展点和发展能力。这 4 个问题也正是监理企业目前发展所必须考虑的问题，就像上面所说，关于监理企业转型的问题。如果这 4 个问题都能有效解决，那么监理企业的发展问题就能得到系统、有效地解决。在这 4 个问题的思考上，经营界最终形成了系统解决企业发展问题的一个战略解决方案。在发展战略理论关于战略定义的基础上，我们形成了一个系统解决企业发展问题的战略框架，即发展战略框架，也曾称东方战略框架。

发展战略由愿景、战略目标、业务战略和职能战略 4 大部分组成。

（一）愿景：企业未来要成为一个什么样的企业？

（二）战略目标：企业未来要达到一个什么样的发展目标？

（三）业务战略：企业未来需要哪些发展点？要在哪些产业、哪些区域、哪些客户、哪些产品发展？怎样发展？

（四）职能战略：企业未来需要什么样的发展能力？需要在市场营销、技术研发、生产制造、人力资源、财务投资等方面采取什么样的策略和措施以支持企业愿景、战略目标、业务战略的实现？

战略的本质是要解决企业的发展问题。在发展战略框架中，所有构成部分都是围绕企业发展来进行，愿景是企业发展的起点，它指引企业发展方向；战略目标是企业发展的要求，它是明确了发展速度和发展质量；业务战略，包含产品战略、客户战略、区域战略和产业战略是企业发展的手段，它指明了企业的发展点；职能战略是企业发展的支撑，它为确定了企业的发展能力。愿景、战略目标、业务战略和职能战略构成企业战略自上而下的 4 个层面。上一层面为下一层面提供方向与思路，下一层面对上一层面提供有力支撑，它们之间相互影响，构成一个有机的发展战略系统。

根据战略发展框架，监理企业可以进行内外资源分析、调研，最终确立适合本企业的发展战略。

制定企业发展战略没有固定顺序。一般而言，它要经过意识、调研、草案、咨询、决策等 5 个阶段。

企业发展战略始于意识，只有首先感觉或理解到发展战略有必要，才会下功夫研究它。认识到发展战略有必要并不容易，这是因为企业领导人往往想不到企业发展还面临整体性问题、长远性问题和基本性问题，也想不到现有发展思路还不太高明或存在重大毛病。为了拥有好的发展战略，企业领导人必须首先挑战自己的“想不到”。

一旦认识到（哪怕是初步的）企业发展需要战略，就应该进行调查研究。为制定发展战略而调研必须视野开阔、思维灵活。社会的现实需求及潜在需求，竞争的现实对手及潜在对手，可用的现实资源及潜在资源，自身的核心优势及潜在优势，都应该得到周密观察与思考。思考这些问题必须冲破现有观念、应用相关知识、尊重自我发现，否则，只能是一次走过场。

在调研的基础上要形成一个企业发展战略草案。企业发展战略草案不需要很具体、很系统、很严谨，但需要反应企业发展的主要矛盾，并提出解决这个主要矛盾的核心对策。企业发展战略草案的提出对有关人员是一次重大考验。它要求说者富有责任心和事业感，富有智慧和勇气；要求听者虚怀若谷、深思熟虑，不要排新妒异、反驳为快。

为提高发展战略水平，防止发展战略失误，企业在确定发展战略之前，应该就非保密问题征求社会有关方面特别是企业战略专家的意见。鉴于自身能力有限，有些企业采取委外办法研究企业发展战略。即使采取这种办法，在战略咨询服务机构提交发展战略研究报告之后，除了内部充分讨论，也要再适当征求外部有关方面的意见。

确定企业发展战略对企业而言具有里程碑意义。为了企业的长远利益，战略决策要“公”字当先，不唯书本，不唯经验，不唯上级指示，也不唯职务权力，只唯实际情况。确定企业发展战略要充分发扬民主、依靠集体智慧，最好也事先征求重点员工意见。

二、加强质量管理，建立质量标准体系，全面推行标准化质量管理

监理企业作为建设工程主体之一，职责就是依照法律、法规以及有关技术标准、设计文件和建设工程承包合同，代表建设单位对施工质量实施监理，并对施工质量承担监理责任。制定切实可行的质量发展目标，建立运转有效、完善的质量保证体系，是监理企业提升服务能力的根本。监理企业应认真贯彻质量管理和质量保证系列国家标准，积极推动质量认证工作，并借鉴一些国内外企业优秀科学的质量管理方法，推行下列描述的质量价值观，提高企业的质量管理水平。

质量管理价值观主要包括：

（一）质量第一

质量是企业的生命，质量是一切的基础，企业要生存和盈利，就必须坚持质量第一的原则，从始至终能够为顾客提供满意质量的产品和服务，才能在激烈的竞争中立于不败之地。

（二）零缺陷

零缺陷是以抛弃缺点难免论，树立无缺点的哲学观念为指导，要求全体人员“从开始就正确地进行工作，第一次就把事情做对”，以完全消除工作缺点为目标的质量经营活动。

（三）源头管理

质量管理应以预防为主，将不良隐患消灭在萌芽状态，这样不仅能保证质量，而且能减少不要的问题发生，降低变更次数，使企业整体的工作质量和效率得到提高。

（四）顾客至上

现代企业掌握在顾客手中，对于我们企业而言，把顾客需要放在第一位，全心全意为顾客服务。企业要树立好“顾客至上”的服务理念，把为顾客服务摆在第一位，想顾客之想，急顾客所急。

（五）满足需要

质量是客观的固有特性与主观的满足需要的统一，质量不是企业自说自话，而是是否能够满足顾客的需求，只有满足了顾客需要，顾客才会愿意买单，企业才能实现盈利。

（六）一把手质量

企业一把手的一言一行从始至终受到全体员工的特别关注，他对质量的认知、观点与态度很大程度上决定了员工工作质量的好坏，一把手应确保企业的质量目标与经营方向一致，全面推进质量工作的开展。

（七）全员参与

现代企业的质量管理需要全员参与，它不仅仅是某个人、几个质量管理人员或质量管理部门一个部门的事情，它需要各个部门的密切配合，需要全员的共同参与。

（八）持续改进

持续改进整体业绩是企业永恒的话题，持续改进是质量管理的原则和基础，是质量管理的一部分，质量管理者应不断主动寻求企业过程的有效性和效率的改进机会，持续改进企业的工作质量。

（九）基于事实的决策方法

质量管理要求尊重客观事实，用数据说话，真实的数据既可以定性反映客观事实，又可以定量描述客观事实，给人以清晰明确的直观概念，从而更好地分析和解决问题。

（十）下工序是顾客

作为企业的员工，工作时不能只考虑自己的方便，要明确自己对上工序的要求，充分识别下工序的要求，及时了解工序发来的反馈信息，把下工序当作顾客，经常考虑怎样做才能使下工序顾客满意。

（十一）规则意识

规则意识是指发自内心的，以规则为自己行

动准绳的意识。企业每个人都要树立规则意识，敬畏规则，规则不合理，甚至不正确我们可以或者争取改变，从内心树立起规则意识，学习、遵循、监督和执行规则。

（十二）标准化预防再发生

问题发生了，就要去解决，并且确保同样问题不会再因同样的理由而发生。问题解决后，要标准化解决方案，更新作业程序，实施 SDCA 循环。

（十三）尊重人性

很多时候，质量工作需要与人沟通，企业经营者为了持续发展和提升质量，就要充分尊重从事的工作人员，使员工感受到工作的意义与价值，快乐工作才能更好地提供顾客满意的工作质量。

监理企业是工程建设参与主体，是建设方与施工方之间的纽带，是政府主管部门、设计、勘探、试验、检测等机构联系的桥梁，承担着建设项目进度控制、成本控制、质量控制和安全生产监督管理的重任。随着企业的逐步发展壮大，必须采取更为现代化的管理模式，包括质量管理、职业健康安全管理等，使所有生产经营活动科学化、标准化和程序化。

标准化管理是一项复杂的系统工程，具有系统性、国际性、动态性、超前性、经济性。标准化管理是一套全新的管理体制，遵循 PDCA 戴明管理模式，建立文件化的管理体系，坚持预防为主、全过程控制、持续改进的思想，使组织的管理工作在循环往复中螺旋上升，实现公司业绩改进的目的。标准化管理的一个重要思想就是要求组织按照 PDCA 循环开展评价工作，周而复始的进行体系所要求的“计划、实施与运行、检查与纠正措施和管理评审”活动，实现持续改进的目标。

全面推行监理工作标准化管理是保证工程安全质量，满足建设发展需要的必然之举，也是提高监理行业整体水平、促进监理企业做强、做大的重要手段。标准化是指为在一定范围内获得最佳秩序，对实际的或潜在的问题制定共同和重复使用的规则的活动。监理工作管理标准化是指运用标准化的原理和方法，按照统一、简化、协调、优化、程序化的原则科学、有序、高效地开展监理管理工作。技术标准化是基础，质量体系认证与管理是手段，企业管理的绩效是根本。要注意将三者有机相连，相互交叉、互相补充，要体现“科学高效”的原则。

近两年，国务院及住建部多次发文提到，监理企业应强化质量管理，规范监理市场行为、建立信用体系、树立企业品牌，提升企业竞争力。也应借鉴国内外其他监理企业的成熟经验，在工程建设过程中推行监理工作标准化管理。监理工作标准化管理的重要内容应包括监理工作制度标准化、技术管理标准化、流程控制标准化、驻地现场管理标准化、人员设备配置标准化、驻地建设标准化等。

监理工作要坚持“有标准、讲标准、高标准”，要体现在企业管理活动的各个方面和全部过程。通过推行标准化管理提升监理企业的整体管理水平和服务质量，其目的是为了保持和提升企业的品牌优势，使品牌更具活力和生命力，从而有效提升企业核心竞争力，促进监理企业持续健康地发展。

三、加强品牌建设，坚持诚信经营

目前，监理企业正处于从成本竞争阶段向品牌竞争发展的过渡阶段，企业有无品牌，已逐步成为企业竞争力强弱，以及评价企业优劣的重要标志。温家宝总理曾经说过：“品牌对于一个国家的竞争力来说是非常重要的，将来衡量一个国家在世界上竞争力的重要的指标，是拥有多少个在国际上知名的品牌。”“品牌”是一种无形资产；“品牌”就是知名度，有了知名度就具有凝聚力与扩散力，就成为发展的动力。而企业品牌的建设，首先要以诚信为先，没有诚信的企业，“品牌”就无从谈起。其次，企业品牌的建设，要以诚信为基础，产品或服务质量和特色为核心，才能培育消费者的信誉认知度，企业的产品才有市场占有率和经济效益。在全球环境下现代企业的核心竞争力，已经越来越多地和产品品牌的竞争力联系在了一起，品牌已经成为企业求得长期生存与发展的关键。

（以下内容转载下一期）

新时代中国工程监理面临的挑战与对策

屠名瑚
湖南省建设监理协会

中国工程监理发展步入而立之年，是30年的奋斗、30年的坎坷、30年的辉煌。中国工程监理永远不会止步，将跟随新时代步伐开启一个又一个新征程，迎接一个又一个新挑战，取得一个又一个新胜利。新时代的挑战，新时代的对策，监理人等待着、酝酿着。

一、面临的挑战

面对挑战和规划未来发展路径之时，应首先厘清工程监理行业面临着哪些挑战，是支仕飞相，还是策马架炮，摇羽应对。

（一）面临发展过程中积存的挑战

1.定位偏移的挑战

工程监理的服务内容定位正在发生偏移，即：从为业主服务演变为为业主+政府+承包商服务。《建筑法》明确：建筑工程监理应当依照法律、行政法规及有关的技术标准、设计文件和建筑规模承包合同，对承包单位在施工质量、建设工期和建设资金使用等方面，代表建设单位实施监督。工程监理的主要职责是“三控、两管、一协调”，工程监理单位受业主委托履行项目建设管理职责，是天经地义的契约关系。工程监理为政府服务也可理解，国家法律规定实行强制监理，保障了工程监理的权益和市场，反过来为政府提供部分服务，属于承担社会责任的范畴。但《建设工程安全生产管理条例》规定，工程监理承担安全生产监管责任，变相地为承包商提供服务和承担安全生产责任，与中国“企业负责、行业管理、国家督查、社会监督”的安全生产管理16字方针相悖，也超出了追求接轨的国际工程咨询的职责范围。工程建设安全生产不可控因素太多，不是工程监理单位害怕承担安全生产监管责任，而是工程监理无法逾越的挑战鸿沟，严重影响工程监理事业的发展和增加从事工程监理的风险。

2.与业主关系的挑战

工程监理的职责由法规和合同予以规定，但往往业主不愿将工程监理职责相关的权利一并委托，使工程监理在完成职责任务时失去监管抓手。企业正常的经营活动和收费受到非建设主管部门的不合理甚至是非法的干预，把工程监理收费限制在无法接受的低价区域，伤害了工程监理的合法权益，影响到工程监理的全面履职。

现在工程监理的部分职责是对业主工作行为的监督，与业主雇请监理的愿望相悖，业主自然从心底里就会排挤强制监理。本来业主和监理可以说是相向而行的“同事”，却变成了相互提防的对象，给工程监理处理工作关系时形成一种难以言喻的尴尬和挑战。这也导致在监理实践中，工程监理单位效能被弱化，无法实现其应有的作用，使得工程监理单位在夹缝中“苟且”存活，成为“附庸品”或者“背锅侠”。

（二）企业自身的挑战

虽然经过30年的发展，中国工程监理行业取得长足进步，但就监理企业而言，仍然存在不少短板，如：工程监理行业和企业文化底蕴基础薄，创新意识和能力弱，规章制度不健全，科技投入不足，管理方法停滞不前，国际竞争力低；服务质量和能力不能完全满足市场和业主的全方位需求，除工程质量控制和安全生产监管外，在工程进度、造价等方面创造的附加值效果不明显；部分企业缺乏诚信、知行不一、唯利是图，导致工程监理市场秩序混乱、行业恶性循环发展，等等。

据住建部2018年工程监理统计公报数据，截至2017年年末，全国工程监理企业从业人员达100万余人，并每年以5%左右的速度增长。在众多监理人员中，固然不乏佼佼者，但也存在良莠不齐的现象，甚至还有一些“放下砌刀、锄头做监理”的社会人员，使得监理工作难以达到预期效果，进而难以及时发现、纠正工程中较严重和复杂的质量、安全问题。

（三）市场的挑战

就国内市场而言，挑战在于：国外咨询企业将进入中国市场，真正具有威胁的狼来了，中国工程监理沿用的经营模式将被打破；业主选择咨询队伍的空间增大、要求变高、性价比的影响突出，竞争更加激烈；因地方政府债务膨胀，国内基本建设不可能永远处在高峰阶段，基本建设曲线将出现拐点。

就国外市场来说，主要是参与“一带一路”建设面临的挑战。“一带一路”倡议下，国外市场将有大量的建设任务涌现，这对工程监理企业是巨大的机遇。但是，由于监理企业不够强大、人才技术储备不足，普遍不能独立参与“一带一路”建设项目，即使参与也是有心无力，目前只能“跟着”走出去。

二、如何应对

监理行业到的严峻挑战，可分为外部挑战和内部挑战。对于外部挑战，我们一时很难解除其威胁，比如，我们无法阻止国外咨询企业进入中国市场。但外部挑战也不可能对中国工程监理、咨询行业产生致命的威胁，前提是我们有积极应对的决心和科学的对策。对于内部挑战，只要我们科学施策，完全可以有效应对，前提是不能放任内部挑战，否则才是行业真正致命的威胁。正如王早生会长在贵阳常务理事会议上讲话，要解决行业的问题，首先从解决内部问题开始，培养行业或企业的环境适应性，锻炼企业的生存和发展力。

（一）应对工程咨询前途充满信心

监理行业走过了30载春秋，曾经遇到过许多挑战和困难，但仍然从坎坷中走过来、走出来，并取得了伟大的成就。未来的路，我们有理由更加充满信心，监理人有意志、智慧和能力克服各种困难和挑战。

国外工程咨询企业进入中国市场，对中国工程咨询的发展是一把“双刃剑”：虽然部分市场被他们抢走了，但也会给中国监理行业提供国际工程咨询经验，从学习中提升实力、强筋壮骨，有助于未来与他们竞争和我们走出去。

在未来相当长的时期内，中国基本建设与国际相比仍然处在高位，加上运维市场的兴起，给中国工程监理行业带来第二次发展的大好机遇。中国工程咨询市场很大，工程监理仍然是我们的根和本。全过程工程咨询已进入试点阶段，改革开放建设大量的建筑物将逐步进入“中年”期，未来建筑工程的运维将成为工程咨询的又一个主战场，中国的工程咨询市场广阔。

中国政府在进行全面深化改革和采取相关措施，扶持工程咨询行业的深入发展，中国的工程咨询法规、技术、服务日臻完善。

（二）打造适应新时代要求的工程监理队伍

新时代，中国经济发展进入新常态，经济增长减速换挡，从高速发展过渡到中高速发展，由量向质转变，提倡绿色、循环经济发展，追求高质量发展，大力推进“一带一路”建设。

因此，中国工程监理必须随着国家经济战略的调整、建筑领域深化改革的形势而进行发展战略调整，提升服务职能，提高服务质量，加快企业转型升级和进入国际工程咨询市场步伐，加快实施全过程工程咨询和项目管理服务进程，顺应国家经济发展方向。目前处于领先地位、实力强劲的大型工程咨询企业，要带头迎接挑战，向智力密集、技术复合、管理集约的大型建设工程咨询企业发展，提升国际工程咨询服务竞争力，成为一支适应国家经济发展战略和国际竞争的工程咨询中坚力量和骨干队伍。

着眼全局和未来规划我国建设工程咨询行业，做到建设工程咨询队伍发展有层次、整体有实力、服务有特色，满足国内经济长期发展和特色需求。除打造一批大型建设工程咨询骨干队伍外，更要培育和鼓励中小型企业向专业有特长、服务有特色、管理有个性的方向发展。

要充分发挥大国工匠精神，促进行业健康发展，大力塑造行业正面形象。争取政府更加重视监理行业发展，监理行业及社会各界协同合作，对行业间的恶意竞争进行严格管控，并出台相关法律法规，使监理行业有法可依，净化行业风气。加大监理行业的监管力度，对行业中服务标准不一、恶意压价等行为进行严厉整治，逐渐形成有序、健康的市场竞争机制。同时，应当建立监理队伍奖惩机制，大力推进行业诚信建设。相关机构或者地方政府应该出台严厉的规章制度，一旦发现串标、假标、虚标等问题予以严惩，对于市场上一些诚信度低、屡次出现问题的工程监理企业，应该逐出市场，倒逼工程监理单位加强内控工作，提高业务水平，进而提升行业整体形象。积极推广应用先进技术，加快信息化建设，提高监理行业现代化水平。

（三）打好应对内部挑战的攻坚战

本文在阐述内部挑战时只分为 3 大点，实际包罗了各个方面。如果行业（企业）是一只水桶，短板有好多块。在监理行业，抱怨最多的是地位低、风险高、收费低。之所以造成这种局面，笔者认为很大原因是自己的责任。

先说“地位低”。笔者始终认为，地位不是商品或奖品，只有有了作为并被认可时方有地位，也就是“有为才有位”。笔者经常参加质量安全督查，发现本地、外地企业存在如下各种问题（有的同时存在）：收费低、人员不到位（突出的是总监和专监）、无资料、无设备、无监理月报、无工地例会记录，监理规划千篇一律等。这样的作为，何来高地位？在监理行业中，有一批非常受人尊重的企业和工程师们，他们是在同等环境下争取到了很高的地位。

再说“风险高”。风险主要是承担安全生产监管责任，这是监理行业法规条文的规定。笔者在挑战部分中说了，这是监理定位的偏移，希望得到更正，但不能作为理由拒绝或忽视这项工作。笔者倒认为，许多安全事故不应由监理承担责任的，监理没有拿起法律武器为自己免责，没有做好保护自己的各项工作。笔者遇到几个案例，确实不应承担责任，当企业向笔者反映时，笔者建议他们通过法律程序解决，他们都有一个类似的回答：打官司后，我的企业还怎么混？结果都是“逆来顺受”，承担了不该承担的责任。好一个“混”字了得。

最后说“收费低”。部分监理企业为了中标，不惜竞相压价甚至低于成本价投标。企业在中标后，为了节省成本，就只能派很少的监理人员甚至一些刚刚毕业的学生进行现场监理，诞生了“签字监理”这个怪胎。仅用案例说事：第一个案例，是国内某著名房地产开发商，在全国公开宣扬要搞“签字监理”，它这种方法还真有市场，配合他们的企业大有人在，收费最低的仅为 1 元 /m²。第二个案例，是监理收费价格放开前，全行业都在埋怨收费低。扪心自问，有多少企业用足了当时国家的收费标准？2015 年价格放开后，有的地方财政部门又对监理收费作出按原国家收费标准（670 文）打折的规定，监理收费已经低到极点，可是在许多投标中的监理费报价照样出现远远低于招标文件规定的上限值，有的仅为上限值的 15%。监理收费低的主要原因，是行业恶性竞争和出卖资质造成的。相互之间打价格战，会有好果子吃吗？

再来看社会上部分人是如何评价监理的作用：工程监理“形同虚设”。笔者的看法是：“评价过于片面，但有此类现象存在。”要厘清监理作用的人们，还请多到现场看看，才能给出准确的评价。

无论从行业自身的抱怨还是社会对监理的评价分析和研究，解决目前存在的问题主要责任在自身，也只能靠自身努力才能解决。可以说，行业（企业）应对自我挑战任重道远！

（四）完善工程监理顶层设计

工程监理历经30年的发展，已充分体现相关法规的两面性。现在应围绕《建筑法》对工程监理的定义，结合国际工程咨询的内涵，完善工程监理的相关法规。促进出台建设工程监理条例，对特别影响工程监理健康发展的定位偏移、政策缺陷等进行修正，突出工程监理的技术咨询、管理服务特性，将工程监理建设项目责任主体划为建设项目管理责任主体，还工程监理的本质，将工程监理从工程建设主体中解脱出来，专心提供技术咨询和管理服务，让专业的人做专业的事。

结语

最后，笔者以马云在两次演讲中的观点作为共勉。两年前，他在一次演讲中说：未来的竞争就是诚信的竞争。今年，他在当选浙江商会会长后发表当选演讲时说：未来的竞争就是服务的竞争，每个行业（企业）要取得竞争的制高点，必须打造更多的不可复制的企业个性和特点。

风雨兼程是状态，抱怨无益
风雨无阻是常态，颓废无解

苏光伟
新疆建院工程监理咨询有限公司

摘　要：用“法”夯实责任、用“术”支撑能力，二者并举托起担当，是监理人“摆脱困惑、走出困境”的唯一有效途径。

关键词：艰辛必然　抱怨无益　克难必须　颓废无解

时至今年，监理业已走过了30余年的风雨历程，为确保工程建设质量安全发挥了至关重要的作用，然而也印证了监理人艰辛与无奈的心路历程。

监理性质决定了监理工作的本质是责任，本色是服务。正因为如此，监理行业在这几十年的跋涉中始终处在举步维艰的窘境。一方面社会人指责监理人时常“不作为”，被扣上什么“稻草人”、等摆设之类的帽子。但另一方面监理人又在抱怨权利与义务不对等，似乎有“带着镣铐跳舞”的感觉，“难有作为”。常常是认真后的痛苦无人抚慰，付出后的冷淡被人嘲讽，进而导致了“抱怨”是监理人的“常态”，“无奈”是监理人的状态，“敷衍”是监理人的心态的现象屡见不鲜。因而也被业内自嘲为“理论上的巨人，行动上的侏儒”。

一、监理人困惑的成因

监理人被裹挟在社会中、游走在甲方与施工方的夹缝间，始终处在“上压下顶”的挤压状态，在夹缝中求出路，在苦斗中求挺直，犹如置身于你不得不走的舞台，你注定要扮演某个角色，常常有“呼吸困难”，甚至“窒息”之感，虽非心甘情愿，却也无可奈何，以至于“满纸荒唐言，一把辛酸泪，都云作者痴，谁解其中味”的自怜情节油然而生。之所以监理人的处境依然还这么不堪，无外乎两方面的原因：一是从制度层面看，确与体制、机制、政策不完善有关，客观上造成了监理人难以逾越和克服的困境。既然我们在业内，制度层面的问题个人又无法改变，解决之道在于改变自己，故适应只能是唯一的选项。二是从操作层面看，其一“专业不足不知为”，其二“法意不够不愿为”常常是众多监理人难有担当的主要原因。

事实上，问题的发生总是多种综合因素组合、叠加共振作用的结果。有些涉及“本”，有些关乎“标”；有些是制度障碍，有些是人为所致。其实，很多问题的症结本来很清楚，或因能力不足，办法不够，或因认知不足，不知做何，或因法意缺失，不知责任。但把原因引向制度层面看似表面问题找得深，一竿子插到底，似乎问题就说不清了、责任就道不明了。正所谓“具体变一般，一般变抽象，看不清摸不着，滑稽的变成了责任全无关”。那么，现实真的是如你所想一推了之万事大吉吗？恐怕不是，而一定是非你所愿、难辞其咎。这种动辄拿制度说事，实则避重就轻，避实就虚，罔顾左右而言他，既不符合常规思维，也不符合法理逻辑，更无益于解决问题，还容易遮蔽矛盾的实质，进而埋下的安全隐患与风险也是显而易见的。是一种典型的转移矛盾、推卸责任、不愿或不敢作为的表现。理性的分析，监理人话语权的多少、大小在某种程度上和自身的工作能力直接关联，与个人守责尽职的意愿密不可分。当下监理行业所面临的“坐困愁城”的相当一部分成因不是制度所致，而是自己主动放弃权利“造因得果”咎由自取的必然反应。

监理人始终处在矛盾与冲突的烽火中，两难境地是常态。面对着不同利益方诉求和纷繁复杂的事物，既要维护甲方的权益，又要兼顾企业利益。在这期间，一定有其必须坚守原则的事项，也有其回旋余地但须设置边界的事宜。然后难就难在，还有很多事情的界定往往处于事物的“临界状态”，其“是”与“非”、“对”与“错”、“好”与“坏”很难有绝对的“经纬”标准，显然有“似是而非”“模棱两可”“法规盲区”的诸多空间让人们去追逐，无意中为“潜规则”明修栈道暗度陈仓的盛行提供了诸多的话语环境，营造了宽泛的辨析空间，致使监理人常常处在各种对抗的强迫性语境之中，遭遇“怎么做都不对”的指责，最终失去了自我。其表现形式：要么“软”的没有“刚性”，太柔则靡；要么“硬”的没有“弹性”，太刚则折。其背后反映的深刻问题是“能”“责”不足所致。

二、从“严”必为“实”，“松”而必有“度”

“松而无度”是监理作业时经常出现的一种现象。作为监理人一定要清醒的认识到“严责”是法律责任的必然要求，“尽责”是法律责任的必然义务，“失责”是法律责任处罚的必然结果。因此，从严是监理工作责任的本质所在，是做事之要。与其在风雨中逃避，不如在雷电中舞蹈，即便淋得湿透，也收获了未来隐忧的消除。“松而无度”的懈怠责任是监理人亵渎法律责任最直接的表现。

在现实操作层面看，“松而无度”的主要特征为“三失”，即失之于“软”，形同虚设，不敢碰硬；失之于“松”，松松垮垮，可这样可那样；失之于“宽”，这样行那样也行，就宽不就严。“三不”，即“不严管”“不真管”“不去管”。在监理操作层面大体分4种类型。一是凡事以“嘴说代监管，口惠而‘笔’不至”，口头重视，思想忽视，行动轻视，结果无视，烟淡云轻天空飘，来无踪去无影的“无痕迹”管理状态。二是凡事一律以“监理通知单”满天飞代为落实的只有起点而没终点的一推百了，落实时检查走样了，整改虚拟了，结果变形了的“纸上执行”状态。三是凡事畏首畏尾、人云亦云、与其共舞、处处不坚持，事事随大流的好好先生的“佛系”状态。四是凡事只管“做了”，却不管“做好”；只求“过得去”，不求“过得硬”；只管“差不多”，不管“差多少”的“无标准”状态。总而言之，松于管理，失于责任。有责任不敢担，遇到硬骨头不敢啃，遇到真问题绕道走，遇到大困难躲一边，遇到大事不敢言，左右逢源和稀泥，无意中让自己变成了一只在温水中沉睡的青蛙。在重大原则问题的分歧上没有做出权力的宣示、力挺的怒吼，该坚持的没有摁下“手印”，该坚挺的没有刻下“足迹”，相反的是屈从退让，敷衍了事，踏石无印轻飘飘，抓铁无痕软绵绵。自认为在重大原则问题上有分歧时保持“沉默”“模糊”“妥协”“退让”似乎可以减少“冲突”，缓解“矛盾”，维护表面的“一团和气”。殊不知，“和谐下的潜藏危机”无异于有着“炎症”变“癌症”，“良瘤”变“恶瘤”的异曲同工。其背后埋下的隐患如同一枚“不定时炸弹”，一旦触爆让你悔的肝肠寸断、痛不欲生。每年无数以生命为代价的案例反复告诫我们，在法律面前并没有因为监理人的“满纸自怜题素怨，片言谁解诉秋心”的所谓“理由”而获得理解、原谅和支持，相反的是，以更加不作为为“罪证”从严惩罚，即该领的“责任”与你“不商量”一个都不少，该得到的“惩罚”没有“讨价还价”的余地，必须齐收全拿。据官方统计的数据，从2003~2017年仅房屋及市政工程因安全事故原因累计死亡13410人，年均死亡人数近千人。为此，每年不知有多少包括监理在内的相关涉事人员也为此付出了沉重的代价。最典型的清华附中“12.29”建筑工程安全事故致10人死亡，15人受刑，其中监理无一人独善其身，即6人分别处以1~5年不同刑期的悲剧是最好的佐证。也诠释了人们“年年拿别人的事故当故事听，却没有找自己的影子”。真可谓“初闻不知曲中意，再听已是曲中人”的不幸。同时进一步警示和结束以往监理人以“行政处罚”为主的年代，进入了现在以“刑法惩戒”为主的时代。

现实告诉我们，当下做事既要主观为自己，客观为别人，更要主观为别人，因为未来的事情主观的比重将不可避免地越来越少。尤其是在工程领域人人都是自顾不暇的泥菩萨，别指望谁帮你渡过现实这条河，因为此时的人们稍不留神极易沦为“人为刀俎，我为鱼肉”的境地。因此，遇到困难和问题，怨天尤人，不如握紧拳头。只会抱怨诉无奈，不知责任去担当，无疑是监理人的无知和悲哀。

“宽不足以悦人，严堪补也，敬无助于劝善，诤堪教矣”。作为监理人懂得明哲保身并不难，难的是懂得什么时候挺身，宽容不当“滥好人”，讨好不当“无则人”的底线不被突破。在重要原则问题上，发声是一种态度，行动是一种责任，克难是一种担当。该做的事项着压力也要做，该负的责冒着风险也要负。担当是迎难而上触动利益的过程，不是“剪指甲”是“割腕”，忍痛也得下刀。在关键制度、程序、环节、部位上必须“凝神”“聚焦”“发力”“突破”。对那些“强渡山关，横柴入灶”的人要敢于说“不”，要有“打得一拳开，免得百拳来”的决断和“伤其十指不如断其一指”的胆识。“执着”，注定有孤独和彷徨，被人理解是幸运，但不被理解未必不幸。就算你走得跌跌撞撞，哪怕是不惜翻脸的无情；哪怕是遭遇恶意诽谤的抹黑；哪怕是遭受肢体冲突得遍体鳞伤；哪怕是丢失“瓷饭碗”的不舍，比委曲求全、和稀泥取悦谁都强。“千磨万击还坚韧，任尔东南西北风”。坚持下去，并不是我们真的足够坚强，而是我们别无选择。努力，事未必竟成，未必竟成之事也需认真去做，否则，会输的更惨。

三、从严必唯“实”，“严”而必有“道”

监理现场的另一种现象是“严而道不足”，或有“舍本逐末”之倾向。

“物有本末，事有终始，知其先后，则近道也。”监理人应该明白，任何一个问题的解决，应根据问题的性质、大小、轻重分清主次，分出层次分别做出“宽严”符合实际的举措选择，其深刻含义是尽管现行规定之多之全面，也无法使其穷尽世事多变复杂的情势，更无法代替人对实情的考量与判断，其价值就是体现了工作的灵活性，而这灵活性正是符合事物发展的普遍性规律，无疑是做好各项工作不可或缺的有效手段。“法”是刚性约束的要求，“道”是刚性约束要求的方法。在解决问题时，既有标准规范为依据，又有高度的理论专业知识为支撑；既有具体的实践可行性，立足现实存在的问题和困难，又有解决这些问题的办法和标准。让“严”变更加贴近实际且又合规，而非理论上的“越严越好”。

然而，在千头万绪的工作中，众多监理人往往只有“举轻若重”的严谨，而缺乏“举重若轻”的能力。对一些“浅层次”问题深纠不放，而对“深层次”和“关键”问题反而忽视有余。在时间与精力的分配，情势与手段的使用上偏离了与其价值相等的匹配法则，或重视解决问题的愿望迫切，而忽视了解决问题的方式方法、手段措施。出现思路偏颇，方法失当，做起事来，单线思维，手段单一，风格强硬，纯刚至猛，常常是“水土不复”，即“只破不立，只刹车不启动”。没有因人因事因地施策，区别不同情况“对症下药”。本把可以“剜肉医疮”解决的问题，搞“一律截肢”，本应是“感冒”却当“癌症”猛药去苛，往往不是“药到病除”，而是“药到命除”，真可谓“发力过猛”或“误诊误治”。进而产生的“对冲”往往是“站得住的顶不住，顶得住的又站不住”。即使愿望是良好的，动机是纯正的，诉求也正当，也许很难得到对方的理解和配合，甚至遭遇强烈的反弹，使对方恶意“诽谤”，足以使你面目全非，目的蒙尘，结果事与愿违。究其原因，多数监理人不是败在“动机”上，而是输在“度”的拿捏上，然而，在监理实践中“度”的把握往往是处理问题的关键所在，也是难点。具体讲就是“求同存异，求质量标准之同，存质量内涵之异”，若内涵的“异”差之过大，要有“求同不化异”的力道坚持，反之，要有“化异求同”的力道通达。监理人在“求同不化异”的争辩中往往缺少“持之有故、言之成理”，原则中讲灵活，阐述中论依据，执着中讲技巧，问题中话思路镇得住的论述。换言之，没有最大限度找到大家意愿和要求的最大公约数。其背后反映的则是“能力”不足的问题。

四、用“术”提升能力、用“法”夯实责任，“能”“责”并举托起担当是监理人持续努力的方向

综上所述，当下众多监理人始终难以摆脱“怨天尤人”的困局，在很大程度上依然是“术”不足“能”难为、“法”不足“责”难尽的主要原因所致。

因此，“精业”乃当下监理人“强基”之首。社会发展变化日新月异，不熟悉、不了解的东西越来越多，面临问题的复杂程度、解决问题的难度远远超过我们的想象。强化专业理论水平，提高实操能力，尤其是新规范、新图集、新技术，原原本本的学，学原文、悟原理、记原条、用原意。不仅知道“是什么”，一定还要知道“为什么”。善于从事物的对立面、差异性、因果联系中及时发现存在的各种矛盾、问题，提高现场的“于无声处听有声，于无形处见有形”的专业解析水平、辩说能力和解决问题的技巧。避免陷入“少知而迷，不知而盲，无知而乱”的困惑，克服本领不足，本领恐慌，本领落后的短板就显得尤为迫切和十分重要。

“学法”乃当下众多监理人“固本”之要。监理人只有学法、知法、用法、守法，才能知责、负责、尽责、守责。因为它告诉你“什么可以做，什么不能做”。让监理人更加懂得“没有约束的自由是危险的，意味着带来的往往是没有‘自由’的约束”，从而为监理人尽责履职激发强有力的内生动力和刚性约束的外在强迫。

用“术”支撑能力、用“法”夯实责任，二者并举托起担当，是监理人当下“摆脱困惑、走出困境”唯一可努力的方向和有效途径。

《中国建设监理与咨询》征稿启事

《中国建设监理与咨询》是中国建设监理协会与中国建筑工业出版社合作出版的连续出版物，侧重于监理与咨询的理论探讨、政策研究、技术创新、学术研究和经验推介，为广大监理企业和从业者提供信息交流的平台，宣传推广优秀企业和项目。

一、栏目设置：政策法规、行业动态、人物专访、监理论坛、项目管理与咨询、创新与研究、企业文化、人才培养等。

二、投稿邮箱：zgjsjlxh@163.com，投稿时请务必注明联系电话和邮寄地址等内容。

三、投稿须知：

1. 来稿要求原创，主题明确、观点新颖、内容真实、论据可靠；图表规范、数据准确、文字简练通顺，层次清晰、标点符号规范。

2. 作者确保稿件的原创性，不一稿多投、不涉及保密、署名无争议，文责自负。本编辑部有权作内容层次、语言文字和编辑规范方面的删改。如不同意删改，请在投稿时特别说明。请作者自留底稿，恕不退稿。

3. 来稿按以下顺序表述：①题名；②作者（含合作者）姓名、单位；③摘要（300字以内）；④关键词（2~5个）；⑤正文；⑥参考文献。

4. 来稿以4000~6000字为宜，建议提供与文章内容相关的图片（JPG格式）。

5. 来稿经录用刊载后，即免费赠送作者当期《中国建设监理与咨询》一本。

本征稿启事长期有效，欢迎广大监理工作者和研究者积极投稿！

欢迎订阅《中国建设监理与咨询》

《中国建设监理与咨询》面向各级建设主管部门和监理企业的管理者和从业者，面向国内高校相关专业的专家学者和学生，以及其他关心我国监理事业改革和发展的人士。

《中国建设监理与咨询》内容主要包括监理相关法律法规及政策解读；监理企业管理发展经验介绍和人才培养等热点、难点问题研讨；各类工程项目管理经验交流；监理理论研究及前沿技术介绍等。

《中国建设监理与咨询》征订单回执（2019）

<table>
<tr><td rowspan="3">订阅人信息</td><td>单位名称</td><td colspan="5"></td></tr>
<tr><td>详细地址</td><td colspan="2"></td><td>邮编</td><td></td></tr>
<tr><td>收件人</td><td colspan="2"></td><td>联系电话</td><td></td></tr>
<tr><td>出版物信息</td><td>全年（6）期</td><td>每期（35）元</td><td>全年（210）元/套（含邮寄费用）</td><td>付款方式</td><td>银行汇款</td></tr>
<tr><td colspan="6">订阅信息</td></tr>
<tr><td colspan="6">订阅自2019年1月至2019年12月，______套（共计6期/年） 付款金额合计￥______元。</td></tr>
<tr><td colspan="6">发票信息</td></tr>
<tr><td colspan="6">□开具发票（电子发票）
发票抬头：______ 纳税人识别号：______
发票类型：一般增值税发票
接收电子发票邮箱：</td></tr>
<tr><td colspan="6">付款方式：请汇至“中国建筑书店有限责任公司”</td></tr>
<tr><td colspan="6">银行汇款 □
户　名：中国建筑书店有限责任公司
开户行：中国建设银行北京甘家口支行
账　号：1100 1085 6000 5300 6825</td></tr>
</table>

备注：为便于我们更好地为您服务，以上资料请您详细填写。汇款时请注明征订《中国建设监理与咨询》并请将征订单回执与汇款底单一并传真或发邮件至中国建设监理协会信息部，传真010-68346832，邮箱zgjsjlxh@163.com。

联系人：中国建设监理协会　王月、刘基建，电话：010-68346832、88385640

中国建筑工业出版社　焦阳，电话：010-58337250

中国建筑书店　王建国、赵淑琴，电话：010-68344573（发票咨询）

《中国建设监理与咨询》协办单位

北京市建设监理协会
会长：李伟

中国铁道工程建设协会
副秘书长兼监理委员会主任：麻京生

中国建设监理协会机械分会
会长：李明安

京兴国际工程管理有限公司
执行董事兼总经理：陈志平

北京兴电国际工程管理有限公司
董事长兼总经理：张铁明

北京五环国际工程管理有限公司
总经理：李兵

中国水利水电建设工程咨询北京有限公司
总经理：孙晓博

鑫诚建设监理咨询有限公司
董事长：严弟勇　总经理：张国明

北京希达建设监理有限责任公司
总经理：黄强

中船重工海鑫工程管理（北京）有限公司
总经理：姜艳秋

中咨工程建设监理有限公司
总经理：鲁静

北京赛瑞斯国际工程咨询有限公司
总经理：曹雪松

中核工程咨询有限公司
董事长：唐景宇

天津市建设监理协会
理事长：郑立鑫

河北省建筑市场发展研究会
会长：蒋满科

山西省建设监理协会
会长：苏锁成

山西省煤炭建设监理有限公司
总经理：苏锁成

山西省建设监理有限公司
名誉董事长：田哲远

山西协诚建设工程项目管理有限公司
董事长：高保庆

山西煤炭建设监理咨询有限公司
执行董事、经理：陈怀耀

CHD
华电和祥
华电和祥工程咨询有限公司
党委书记、执行董事：赵羽斌

太原理工大成工程有限公司
董事长：周晋华

山西震益工程建设监理有限公司
董事长：黄官狮

山西神剑建设监理有限公司
董事长：林群

山西省水利水电工程建设监理有限公司
董事长：常民生

晋中市正元建设监理有限公司
执行董事兼总经理：李志涌

内蒙古科大工程项目管理有限责任公司
董事长兼总经理：乔开元

中泰正信工程管理咨询有限公司
总经理：董殿江

吉林梦溪工程管理有限公司
总经理：张惠兵

沈阳市工程监理咨询有限公司
董事长：王光友

大保建设管理有限公司
董事长：张建东　总经理：肖健

上海市建设工程咨询行业协会
会长：夏冰

建科咨询 JKEC
上海建科工程咨询有限公司
总经理：张强

上海振华工程咨询有限公司
总经理：徐跃东

SPM
上海建设监理咨询
上海市建设工程监理咨询有限公司
董事长兼总经理：龚花强

上海同济工程咨询有限公司
董事总经理：杨卫东

青岛信达工程管理有限公司
董事长：陈辉刚　总经理：薛金涛

山东胜利建设监理股份有限公司
董事长兼总经理：艾万发

江苏誉达工程项目管理有限公司
董事长：李泉

江苏建科建设监理有限公司
董事长：陈贵　总经理：吕所章

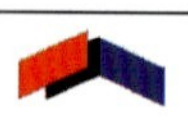

LCPM
连云港市建设监理有限公司
董事长兼总经理：谢永庆

江苏赛华建设监理有限公司
董事长：王成武

中源管理
ZHONGYUAN MENGMENT
江苏中源工程管理股份有限公司
总裁：丁先喜

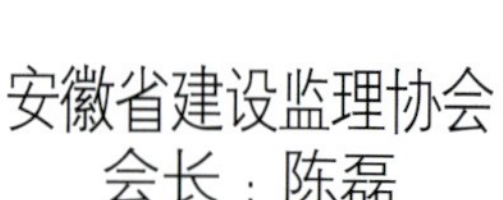

安徽省建设监理协会
会长：陈磊

合肥工大建设监理有限责任公司
总经理：王章虎

浙江江南工程管理股份有限公司
董事长总经理：李建军

浙江华东工程咨询有限公司
董事长：叶锦锋　总经理：吕勇

浙江嘉宇工程管理有限公司
董事长：张建　总经理：卢甬

浙江求是工程咨询监理有限公司
董事长：晏海军

江西同济建设项目管理股份有限公司
法人代表：蔡毅　经理：何祥国

福州市建设监理协会
理事长：饶舜

厦门海投建设监理咨询有限公司
法定代表人：蔡元发　总经理：白皓

《中国建设监理与咨询》协办单位

驿涛项目管理有限公司 董事长：叶华阳	业达建设管理有限公司 总经理：倪莉莉	河南省建设监理协会 会长：陈海勤	建基工程咨询有限公司 副董事长：黄春晓
郑州中兴工程监理有限公司 执行董事兼总经理：李振文	河南建达工程建设监理公司 总经理：蒋晓东	河南清鸿建设咨询有限公司 董事长：贾铁军	中汽智达（洛阳）建设监理有限公司 董事长兼总经理：刘耀民
河南省光大建设管理有限公司 董事长：郭芳州	中元方工程咨询有限公司 董事长：张存钦	方大国际工程咨询股份有限公司 董事长：李宗峰	河南长城铁路工程建设咨询有限公司 董事长：朱泽州
河南兴平工程管理有限公司 董事长兼总经理：洪源	湖北省建设监理协会 会长：刘治栋	武汉华胜工程建设科技有限公司 董事长：汪成庆	湖南省建设监理协会 常务副会长兼秘书长：屠名瑚
长沙华星建设监理有限公司 总经理：胡志荣	湖南长顺项目管理有限公司 董事长：潘祥明　总经理：黄劲松	广东省建设监理协会 会长：孙成	广州市建设监理行业协会 会长：肖学红
深圳市监理工程师协会 会长：方向辉	广东工程建设监理有限公司 总经理：毕德峰	广州广骏工程监理有限公司 总经理：施永强	广西大通建设监理咨询管理有限公司 董事长：莫细喜　总经理：甘耀域
重庆市建设监理协会 会长：雷开贵	重庆赛迪工程咨询有限公司 董事长兼总经理：冉鹏	重庆联盛建设项目管理有限公司 总经理：雷开贵	重庆华兴工程咨询有限公司 董事长：胡明健
重庆正信建设监理有限公司 董事长：程辉汉	重庆林鸥监理咨询有限公司 总经理：肖波	林同棪（重庆）国际工程技术有限公司 总经理：祝龙	四川二滩国际工程咨询有限责任公司 董事长：郑家祥
中国华西工程设计建设有限公司 董事长：周华	云南省建设监理协会 会长：杨丽	云南新迪建设咨询监理有限公司 董事长兼总经理：杨丽	云南国开建设监理咨询有限公司 董事长兼总经理：黄平
贵州省建设监理协会 会长：杨国华	贵州建工监理咨询有限公司 总经理：张勤	贵州三维工程建设监理咨询有限公司 董事长：付涛　总经理：王伟星	西安高新建设监理有限责任公司 董事长兼总经理：范中东
西安铁一院工程咨询监理有限责任公司 总经理：杨南辉	 西安普迈项目管理有限公司 董事长：王斌	西安四方建设监理有限责任公司 总经理：杜鹏宇	 华春建设工程项目管理有限责任公司 董事长：王勇
陕西华茂建设监理咨询有限公司 总经理：阎平	 永明项目管理有限公司 董事长：张平	 陕西中建西北工程监理有限责任公司 总经理：张宏利	 甘肃省建设监理有限责任公司 董事长：魏和中
甘肃经纬建设监理咨询有限责任公司 董事长：薛明利	 新疆昆仑工程监理有限责任公司 总经理：曹志勇		

广州建筑工程监理有限公司

广州建筑工程监理有限公司（简称广建监理）是一家实力雄厚的有限责任公司，具有工程监理综合资质、工程招标代理甲级资信、工程咨询单位甲级资信、广东省建设项目环境监理行业甲级资质、广东省人防监理乙级资质以及广东省文物保护工程监理资质。

1985年成立以来，为广大客户提供了优质的工程总承包、项目管理、项目顾问、项目咨询、项目代建、工程监理、工程招标代理、土地招标、造价咨询、政府采购、编制可行性研究报告等各类服务项目达2000多项，其中包括：广州塔、广州市珠江新城核心区市政交通项目、广州南站、广州大剧院、猎德村旧村改造工程等超大型重点工程项目。公司到目前为止，累计有2项菲迪克百年重大建筑项目杰出奖，8项工程荣获中国建筑工程鲁班奖，4项工程荣获中国土木工程詹天佑奖，10项工程荣获国家优质工程奖，6项工程荣获中国钢结构金奖，9项工程荣获国家市政金杯示范工程奖，超过1000项次工程荣获省市工程奖项。

公司以“格致正诚，修远求索；以人为本，和而不同”为企业核心价值观，现有员工1000多人，其中具有中高级专业技术职称的人员约半数，国家注册监理工程师超过120人，其他专业注册人员超过100人，专业配置齐全，年龄结构合理，多名员工被评为国家、省、市优秀总监理工程师或监理工程师。连续23年被工商行政管理局授予“守合同重信用企业”荣誉称号，连续12年被广东省企业联合会、广东省企业家协会评为“广东省诚信示范企业”。

公司积极参与行业协会工作，是中国建设监理协会常务理事单位、广东省建设监理协会副会长单位、广州市建设监理协会的主要发起单位和会长单位、中国铁道工程建设协会建设监理专业委员会会员单位、中国招标投标协会会员单位、广东省招标投标协会副会长单位、广州市招标投标协会的发起单位和会长单位等。公司多年连续荣获国家、省、市监理协会的先进企业荣誉称号，2008年更被中国建设监理协会评为“中国建设监理创新发展20年工程监理先进企业”。

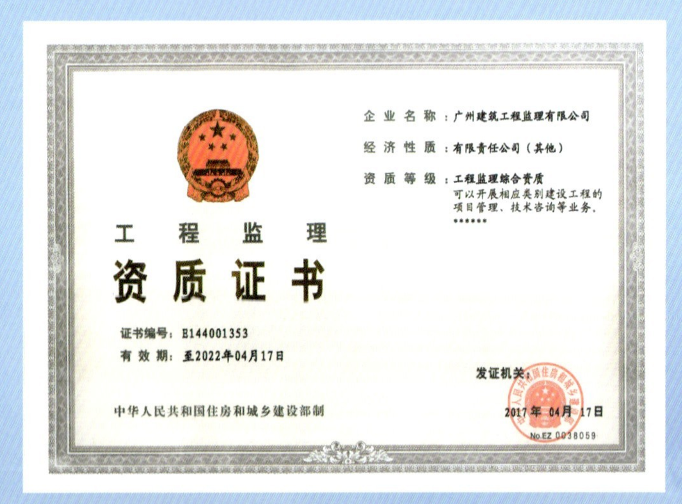

工　程　监　理

资质证书

企业名称：广州建筑工程监理有限公司

经济性质：有限责任公司（其他）

资质等级：工程监理综合资质
可以开展相应类别建设工程的项目管理、技术咨询等业务。
******

证书编号：E144001353

有效期：至2022年04月17日

发证机关：

2017年04月17日

中华人民共和国住房和城乡建设部制

No.EZ 0038059

广州建筑工程监理有限公司－综合监理资质证正本

广州猎德村旧城改造项目

广州美术馆

广州建筑工程监理有限公司

广州塔

广州大剧院

广州火车南站

广州市花城广场

横琴国际金融中心大厦

粤剧艺术博物馆

国优——河西新闻中心

国优——南京国际展览中心

国优——新城总部大厦

鲁班奖——苏州金鸡湖大酒店

鲁班奖——南京鼓楼医院

鲁班奖——青奥会议中心

鲁班奖——中银大厦

鲁班奖——省特种设备安全监督检验与操作培训实验基地工程

鲁班奖——东南大学图书馆

市政金杯——南京城北污水处理厂

南京地铁 2 号线苜蓿园站

南京青少年科技活动中心

鲁班奖——江苏广电城

紫峰大厦

湘府路快速化改造

国家开发银行湖南省分行

湘雅五医院

长沙国际会展中心

长沙火车南站东广场

长沙大河西交通枢纽

长沙绿地湖湘中心

黄花机场 T2 航站楼

长沙滨江金融大厦

长沙国际金融中心

“中国共产党云南省建设监理协会支部”第一次会议

协会六届三次会员大会暨工程监理行业转型升级创新发展论坛隆重举行

中国建设监理协会王早生会长、王学军副会长/秘书长、温健副秘书长莅临协会调研指导工作

召开会长办公会商议确定协会年度工作重点

举办云南省监理业务培训班

“搭桥梁，促沟通！”年度通联会顺利召开

西南地区监理行业转型升级创新发展业务辅导活动在昆明举行

云南省建设监理协会

云南省建设监理协会（以下简称“协会”）成立于1994年7月，是云南省境内从事工程监理、工程项目管理及相关咨询服务业务的企业自愿组成的区域性、行业性、非营利性的社团组织。其业务指导部门是云南省住房和城乡建设厅，社团登记管理机关是云南省民政厅。2018年4月，经中共云南省民政厅社会组织委员会的批复同意，“中共云南省建设监理协会支部”成立。2019年1月，被云南省民政厅评为5A级社会组织。目前，协会共有180家会员单位。

协会第六届管理机构包括：理事会、常务理事会、监事会、会长办公会、秘书处，并下设期刊编辑委员会、专家委员会等常设机构。25年来，协会在各级领导的关心和支持下，严格遵守章程规定，积极发挥桥梁纽带作用，沟通企业与政府、社会的联系，了解和反映会员诉求，努力维护行业利益和会员的合法权益，并通过进行行业培训、行业调研与咨询和协助政府主管部门制定行规行约等方式不断探索服务会员、服务行业、服务政府、服务社会的多元化功能，努力适应新形势，谋求协会新发展。

地　址：云南省昆明市滇池国家旅游度假区
迎海路8号金都商集3幢10号
电话：（0871）64133535
传真：（0871）64168815
邮编：650228
网址：http://www.ynjsjl.com/
Email：ynjlxh2016@qq.com

云南省建设监理协会
微信公众号二维码

中国社会组织评估等级证书

证书编号：云社评行字（2018）第008号

云南省建设监理协会：

经评估，你会被评为**5A**级社会组织，特颁此证。

（有效期：2019年01月至2024年01月）

云南省民政厅
二零一九年一月

被云南省民政厅评为5A级社会组织

天津市建设监理协会

天津市建设监理协会成立于2001年10月，是由天津地区从事工程建设监理的企业与从业人员自愿结成的行业性、非营利性社会组织。在天津市民政局登记，业务指导单位是天津市住房和城乡建设委员会。天津市建设监理协会设有专家委员会、自律委员会、专业委员会，协会秘书处为日常办公机构。

天津市建设监理协会现有会员单位140余家，个人会员1400余名。

协会的宗旨是：遵守宪法、法律、法规；遵守国家与地方政府的政策规定；遵守社会道德风尚，社会主义核心价值观；积极加强社会组织党的建设、规范社会组织内部组织机构的设置及运行；积极沟通会员与政府建设行政主管部门与社会组织管理部门的联系；维护行业自律与会员的合法权益、保障行业公平竞争，为发展建设工程监理事业和提高工程建设水平作出积极贡献。

2017年3月协会完成新一次换届，本届理事会为第四届理事会。新一届理事会不忘初心，牢记使命，继续遵循社会宗旨、不断探索监理行业转型升级，创新发展的新途径与新方式。协会目前工作的着力点主要在以下4个方面：

一、加强协会党组织建设，增强协会向心力

2019年协会党组织深入学习领会习近平新时代中国特色社会主义思想，深入学习贯彻党的“十九大”和十九届三中全会精神，推进“两学一做”学习常态化、制度化，强化“四个意识”，坚定“四个自信”，做到“四个服从”。以党建引领、积极发挥行业协会基层党组织的标杆示范与先锋模范作用，将行业建设与发展统一到“十九大”的整体部署上来，积极推进建设“学习型、服务型、创新型”三位一体的行业协会党组织。在此基础上，协会根据会员单位与个人会员的实际情况探索建立“党建工作联络员制度”，探索开展行业党建工作，发挥党组织在行业协会与行业中的统领作用，形成党建工作的整体合力。

二、强化法人治理机构，保证协会合法合规运行

2019年，协会依据《天津市社会组织法人治理机构准则》积极规范协会内部组织机构设置及组织机构运行，在社会组织权利机构、决策机构、监督机构、执行机构间形成权责明确、相互制约、运转协调和决策科学的统一机制，确保法人机构运行平稳、健康，全面有效保障与维护各方权益，实现宗旨与任务，在促进行业发展与服务会员中发挥更大作用。

一要切实落实协会各项章程、决议，坚决执行会员代表大会、理事会、监事会、重大事项报告等制度。形成规章、制度完善运转协调的充满活力的行业协会。

二要加强协会内部工作职责，部门职责的制定与落实，主动适应协会脱钩改制和行业变革对协会秘书处能力建设的新要求，规范自身行为、提升综合素质、打造一支专业化的协会工作者队伍、提升行业协会在行业的影响力和代表性。

三、创新发展团体标准，助力提升服务质量

2019年，协会将继续加强行业指导服务，继续做好团体标准的编制推广工作，健全和完善协会团体标准工作管理制度，制定协会团体标准和纲要，力争编制标准激发监理行业的主体活力。

一要针对现场监理，在贯彻《天津市建设工程监理工作指南》的基础上，加大力度编制《建设工程安全生产管理工作监理指南》《建设工程监理资料编写指南》对监理现场工作的程序、责任、服务水平作出具体要求，达到“规范行为、保障权益”的双重目的。

二要面向专业技术领域，着力编制《BIM技术在监理工作中的应用指南》《装配式建筑监理工作指南》等团体标准，提高监理工作在新技术新工艺领域的推广应用。

四、改变业务培训思路，促进行业人才建设

坚持常态化开展监理从业人员的业务培训，是按照《建设监理工程规范》与《天津市建设工程监理规程》的要求，着力解决行业人才短板，稳定人才储备，提升监理队伍良好的职业素养与业务水平的唯一可靠途径，协会在坚持培训工作“服务会员、降低成本、不谋盈利、提升素质”的原则指导下，探索“自愿参加培训，自主培训，考培分离”的培训模式。

协会根据四届理事会通过的《天津市监理从业人员培训及登记办法》《天津市监理人员执业管理办法》的规定，在培训中做到：

一是强调从业人员自愿参加培训；

二是鼓励企业进行自主培训；

三是规范行业协会“统一考核”，保证培训质量。

在以上3个原则的指导下，协会从从业人员培训报名、培训、考核等环节上都做出了许多改变。

一是成立了“协会培训讲师团”，征集了行业近百名各企业的专家，为培训工作编写教材，制定大纲，统一出题，评判试卷。

二是开通网上报名系统，采用电脑端及手机APP方式进行视频授课，方便从业人员自主、自愿参加培训。

三是统一集中考核，通过集中统一考核对企业自主面授或在线学习的培训成果进行检验。

天津市建设监理协会将不断发展自身优势，坚持稳中求进的工作基调，积极推进行业党建工作开展，积极推动法人治理机构的完善；积极推进团体标准的创新，积极改进从业人员的业务培训与信用管理，积极推进行业的自律机制建设，为监理行业转型升级、创新发展与监理事业持续、健康、快速发展作出新贡献！

地　址：天津市南开区复康路23号增1号
建交中心东侧2层

邮　编：300191

电　话：022-23691307

邮　箱：jlxh@vip.163.com

网　址：www.tjcecp.com

四届三次会员代表大会暨理事会

协会党建工作

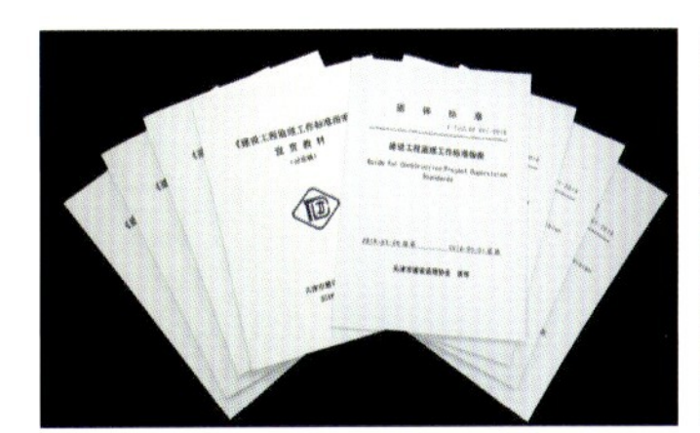

团体标准及宣贯教材

自主培训，统一考核

组织会员单位瞻仰人民英雄纪念碑

会员代表大会现场

贵州省建设监理协会
风雨历程·不负荏苒

工程监理制度自1988年实施以来，经过探索、实践、砥砺奋进已30年，为我国工程建设领域的高速和优质发展作出了重要贡献。贵州监理行业从无到有，从小到大，迅速成长，经过30年的历练，监理队伍日益壮大，监理企业初具规模，监理人员素质不断提高，监理企业逐步走向理性、规范和成熟，已发展为贵州工程建设的一支不可或缺的重要力量。目前，全省共有监理企业174家，其中综合资质1家、甲级资质44家、乙级及以下资质129家；国家注册监理工程师3000余人，监理从业人员近30000人，监理业务涵盖了房屋建筑、市政公用工程、水利水电、石油化工、矿山冶炼、机电安装、电力工程、公路工程等类别。30年来，贵州监理有初创的痛苦、有成功的喜悦、有对困难的彷徨、有对前程的期望。磨砺了一个个监理精英，涌现了一批批先进企业，共创了一个又一个优质工程。当前的深化改革对监理行业既是新的挑战，又是新的机遇、新的起点。我们要直面市场，发挥专业技术优势、转型发展、提升服务水平，再创监理辉煌。

贵州省建设监理协会成立于2001年，是贵州省AAAAA级民间社团组织。协会努力适应新形势要求，以积极推动贵州省监理行业发展为目标，始终坚持为行业服务、为企业服务、为社会服务的宗旨，充分发挥协会的桥梁和纽带作用，积极引导企业加强自律，推进信用体系建设，促进工程监理行业的健康发展。

回顾昨天，展望未来。在党的“十九大”精神的引领下，在习近平中国特色社会主义思想的指导下，我们要不忘初心，牢记使命，要抓住当前的机遇，不断深化改革，实现转型升级，提升服务水平，为实现“两个一百年”的奋斗目标，实现中华民族的伟大复兴贡献自己的力量。

地　址：贵州省贵阳市延安西路2号建设大厦西楼13楼
电　话：0851-85360147
邮　箱：gzjsjlxh@sina.com
网　址：www.gzjlxh.com

毕威高速公路赫章大桥 世界第一高墩 贵州陆通工程管理公司监理

福泉体育馆及配套设施工程（获“黄果树杯”）贵州众益监理咨询公司监理

贵阳大剧院（获“鲁班奖”）贵州三维监理咨询公司监理

贵州民族文化宫（获“黄果树杯”）贵州正业咨询顾问公司监理

黄花寨水电站（获“中国水利发展科技一等奖”）贵州黔水监理公司监理

茅台国际大酒店（获“黄果树杯”）贵州建筑设计研究院监理

水盘高速北盘江特大桥（获“鲁班奖”“李春奖”“詹天佑奖”）贵州交通监理公司监理

遵义会议陈列馆（获“国家优质工程奖”）贵州建工监理咨询公司监理

遵义医学院图书馆（获“鲁班奖”）遵义建工监理公司监理

连云港市广播影视文化产业城工程

连云港金融中心

连云港海滨疗养院原址重建项目

城建大厦
（2016~2017 年“鲁班奖”工程）

江苏润科现代服务中心

连云港市快速公交 1 号线

江苏省电力公司职业技能训练基地二期综合楼工程－国家优质工程奖

连云港市海州湾会议中心工程

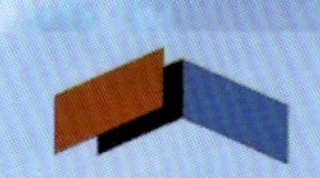

连云港市建设监理有限公司

连云港市建设监理有限公司（原连云港市建设监理公司）成立于 1991 年，是江苏省首批监理试点单位，具有房屋建筑工程和市政公用工程甲级监理资质、人防工程甲级监理资质、机电安装工程乙级监理资质、工程造价咨询乙级资质、招标代理乙级资质，被江苏省列为首批项目管理试点企业及江苏省全过程工程咨询试点企业。公司连续 5 次获得江苏省“示范监理企业”的荣誉称号，连续 3 次被中国建设监理协会评为“全国先进工程监理企业”，获得中国监理行业评比的最高荣誉。公司 2001 年通过了 ISO 9001-2000 认证。公司现为中国建设监理协会会员单位、江苏省建设监理协会副会长单位，江苏省科技型 AAA 级信誉咨询企业。

经过 20 多年工程项目建设的经历和沉淀，公司造就了一大批业务素质高、实践经验丰富、管理能力强、监理行为规范、工作责任心强的专业人才。在公司现有的 145 名员工中，高级职称 49 名、中级职称 70 名，国家注册监理工程师 41 名，国家注册造价工程师 7 名，一级建造师 13 名，江苏省注册监理工程师 61 名，江苏省注册咨询专家 9 名。公司具有健全的规章制度、丰富的人力资源、广泛的专业领域、优秀的企业业绩和优质的服务质量，形成了独具特色的现代监理品牌。

公司可承接各类房屋建筑、市政公用工程、道路桥梁、建筑装潢、给排水、供热、燃气、风景园林等工程的监理以及项目管理、造价咨询、招标代理、质量检测、技术咨询等业务。

公司自成立以来，先后承担各类工程监理、工程咨询、招标代理 2000 余项。在大型公建、体育场馆、高档宾馆、医院建筑、住宅小区、工业厂房、人防工程、市政道路、桥梁工程、园林绿化、公用工程等多个领域均取得了良好的监理业绩。在已竣工的工程项目中，质量合格率 100%，多项工程荣获国家优质工程奖、江苏省“扬子杯”优质工程奖及江苏省示范监理项目。

公司始终坚持“守法、诚信、公正、科学”的执业准则，遵循“严控过程，科学规范管理；强化服务，满足顾客需求”的质量方针，运用科学知识和技术手段，全方位、多层次为业主提供优质、高效的服务。

公司地址：江苏省连云港市朝阳东路 32 号（金海财富中心 A 座 11 楼）
电　　话：0518 － 85591713
传　　真：0518 － 85591713
电子信箱：lygcpm@126.com
公司网址：http://www.lygcpm.com/

沈阳市工程监理咨询有限公司

SHENYANG ENGINEERING SUPERVISION&CONSULTATION CO.,LTD.

沈阳市工程监理咨询有限公司（沈阳监理）成立于 1993 年 1 月 1 日，公司具有住建部批准的工程监理综合资质，同时具有商务部批准的对外援助成套项目管理企业资格和对外援助项目咨询服务（检查验收）资格，是中国建设监理协会会员单位，已通过 ISO 9001 质量、环境及职业健康安全管理体系三整合体系认证，持有国家工商总局核准注册的品牌商标。公司以房屋建筑、市政公用、公路、通信、轨道交通、电力等行业监理、管理、咨询服务为主，逐步拓展监理综合资质范围内的新领域，夯实援外成套项目管理，发展国际工程承包工程监理和咨询服务业务。旗下拥有"沈阳监理""沈阳管理""沈阳咨询"3 大核心品牌。公司是连续 10 年被评为省市先进监理企业，是多年的辽沈"守合同、重信用"企业。

"沈阳监理、沈阳管理、沈阳咨询"3 大品牌齐头并进，沈阳监理在辽沈医疗项目建设咨询领域以优质的服务和成熟技术咨询产品，先后承担了医大一院、陆军总院和市级三甲医院共 20 余项工程，获得了业界的好评。沈阳管理投入市场硕果累累，沈阳新市府、汉堡王北方区、辽宁省工商银行等项目，在沈阳管理的精心监督管理下，获得了业主的赞赏和认可。沈阳咨询实施项目过程中和交付前的第三方评估、政府咨询顾问、全过程项目管理业务全面展开，先后与华润、华夏幸福基业、中国奥园地产等品牌地产商合作，成为第三方咨询服务供应商。自 2016 年成为商务部咨询服务供应商，援外成套项目和援外技术合作项目检查验收 40 多项遍布 30 余个国家。品牌美誉度和影响力逐年提升。

对外援助及国际工程承包项目监理和管理遍布亚洲、非洲等五大洲。承担的非盟会议中心、加蓬体育场、斯里兰卡国家医院、科特迪瓦体育场、安提瓜和巴布达 V.C 伯德国际机场、莫桑比克贝拉 N6 公路等援外成套项目和国际工程承包项目的监理和管理已有 70 多项，遍布 40 余国家。

近年来，公司承担监理和实施项目管理的国内外工程项目所获奖项涵盖面广，囊括了住建部的所有奖项和市政部门的最高奖项，共荣获国家级奖项 9 项，省市奖项近百项，多次的省检、国检获得建设管理部门的表彰。

志在顶峰，我们砥砺前行，为满足项目发展对咨询、管理、监理技术服务产品不断增长的需要，我们会持续提高完善我们的技术服务产品，早日实现项目发展全过程、全产业链、全生命周期咨询服务顾问事业愿景。

马普托国际机场

地　址：沈阳市浑南新区天赐街 7 号曙光大厦 C 座 9F
电　话：024-22947929　024-22947927
传　真：024-23769541
网　址：http://www.syjlzx.com

非盟会议中心－中国建设工程鲁班奖（境外工程）

斯里兰卡国家医院门诊楼

越南越中友谊宫（习近平主席亲自出席移交仪式）

加蓬体育场－中国建设工程鲁班奖（境外工程）

斯里兰卡国家大剧院－中国建设工程鲁班奖（境外工程）

沈阳万科魅力之城工程－中国土木工程詹天佑奖优秀住宅小区金奖

沈阳皇城恒隆广场工程—中国建设工程鲁班奖

中国医科大学附属第一医院（国家优质工程优质奖）

沈阳地铁 2 号线北延线

愿　　景：项目发展全过程、全产业链、全生命周期咨询服务顾问
价 值 观：共识、共担、共创、共享
企业文化：高压力、高绩效、高回报

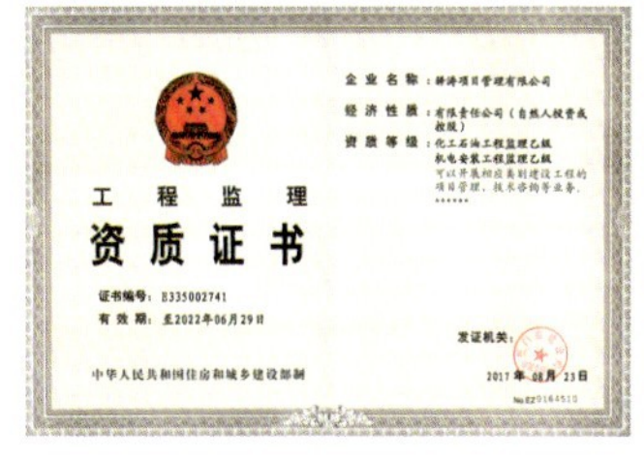

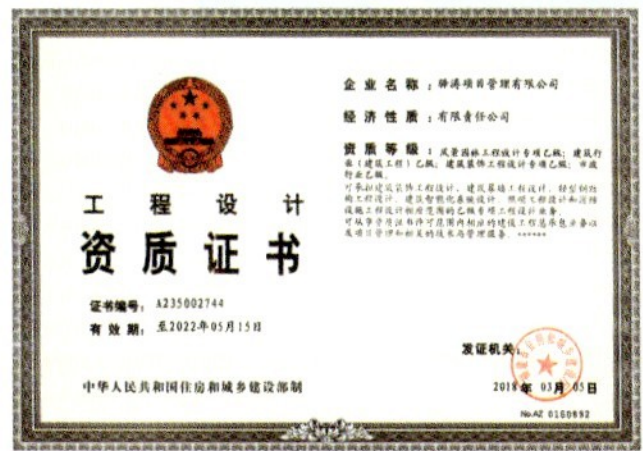

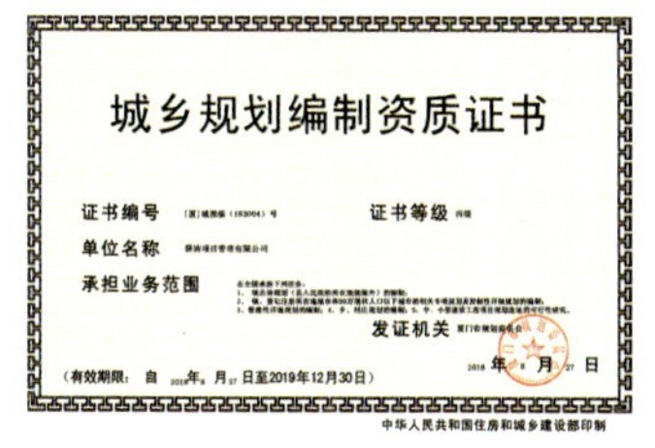

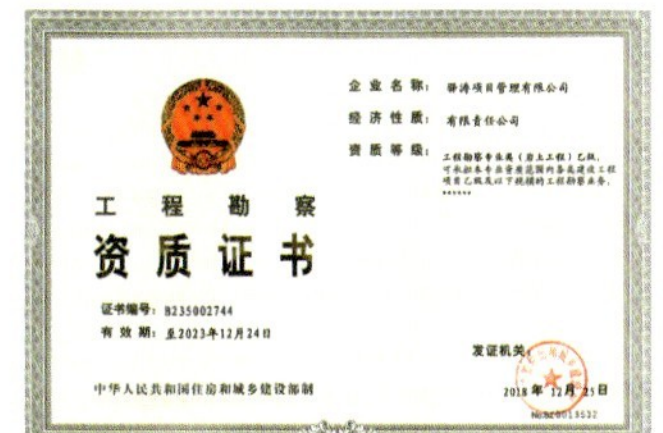

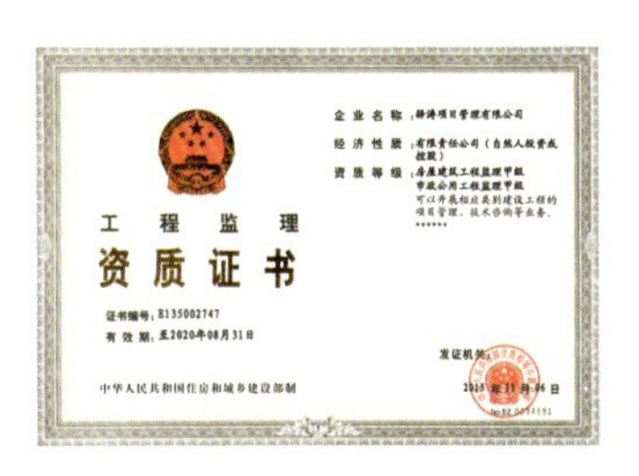

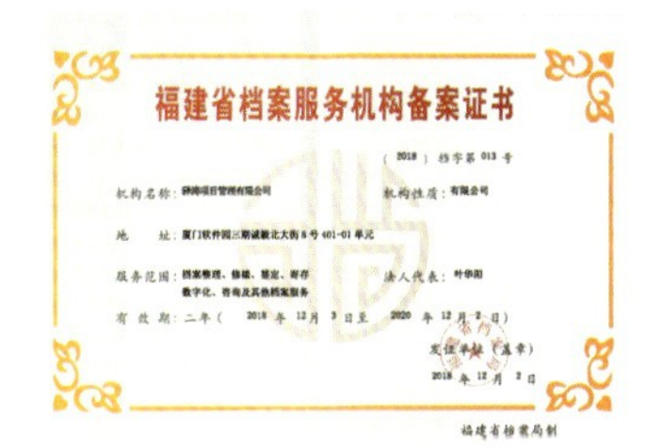

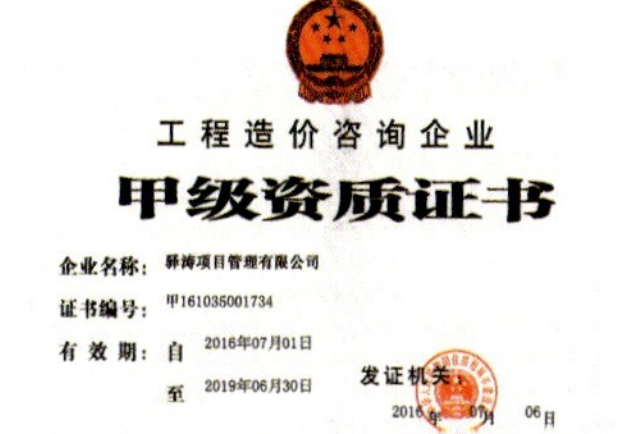

地　址：福建省厦门市集美区软件园三期B14栋12层

电　话：0592-5598095

邮　箱：1816046708@qq.com

网　址：http://www.ytxm.com/

企业微信二维码：

驿涛项目管理有限公司

驿涛项目管理有限公司创建于2004年2月5日，曾用名厦门市驿涛建设技术开发有限公司、福建省驿涛建设技术开发有限公司。2015年10月28日经国家工商总局批准，正式更名为驿涛项目管理有限公司。公司注册资本人民币5001万元，注册地址厦门市软件园三期，是一家经各行业国家行政主管部门批准认定的，集工程全过程管理与工程行业管理软件开发的高新技术企业。公司位于厦门机场与北站间的厦门集美软件园三期，在全国各省及福建全省各地市设有分支机构。

公司持有工程咨询，城乡规划设计、岩土工程勘察、建筑工程设计、景观工程设计、市政公用工程设计、造价咨询、招标代理、政府采购、房建工程监理、市政公用工程监理、水利工程监理、人防工程监理、机电工程监理、石油化工工程监理、房屋建筑工程施工总承包、市政公用工程施工总承包、装饰工程施工、环保工程施工、智能化工程施工、机电工程施工、档案服务和档案数字化等建设资质与软件开发资质。

公司现有员工500多人，受教育程度多在本科及以上学历。有高级工程师、高级经济师、工程师、经济师、注册咨询工程师、注册城市规划师、注册岩土工程师、注册建筑师、注册结构工程师、注册电气工程师、注册公用设备工程师、注册造价工程师、注册监理工程师、注册建造师等工程管理人员以及软件工程师等各种专业技术人才。公司高级、中级职称人员300多人，均长期从事工程建设各领域技术管理工作，知识结构全面，工作经验丰富。

经过驿涛人的坚持不懈努力，深得业主、建设行政部门及社会各界的广泛好评，公司各项业务迅速开拓并取得良好的社会效益和经济效益。公司已完成过各种类型工程项目建设项目，并有多个工程项目获得各部门的多次奖励，主要有各省级优良工程、各市级优良工程、安全文明工程，多年参编《中国建设监理与咨询》，多协会的副会长、理事单位，"省级优秀造价企业""优秀成果奖""优秀审计单位奖"，厦门市第二届工程造价管理专业技能竞赛"二等奖"等称号。公司历年荣获"福建省2016年度优秀造价咨询企业第二名""2017年度福建省造价咨询机构前三强""2017年度中国招标代理机构综合实力三十强""2017年度福建省项目管理机构前三强"、"重合同、守信用"企业、招标代理企业信用评价AAA、全国质量诚信AAA等级单位、福建省AAAAA级档案机构等级荣誉。

公司始终坚持追求卓越的经营理念，坚持人性化的管理理念，在公司党支部和工会领导下，员工有良好的凝聚力，企业形成爱心、奉献、共赢的文化。公司以全新理念指导企业发展，为保证公司技术质量、管理质量、服务质量能同步发展，自主研发了"驿涛造价咨询业务管理系统""驿涛招标代理业务管理系统""驿涛软件开发业务管理系统""驿涛城建档案管理系统"等，通过质量管理体系ISO 9001：2015、《工程建设施工企业质量管理规范》GB/T 50430-2017、职业健康管理体系GB/T 28001:2011 /OHSAA　189001:2007、环境管理体系ISO 14001:2015等认证。

公司致力于为工程项目的全过程管理提供优质服务，严格按照"求实创新、诚信守法、高效科学、顾客满意"的服务方针，崇尚职业道德，遵守行业规范，用一流的管理、一流的水平，竭诚为客户提供全面、优质的服务，努力回馈社会，真诚期待与社会各界朋友的精诚合作。

安徽省建设监理协会

安徽省建设监理协会成立于1996年9月，在中国建设监理协会、省住建厅、省民管局、省社会组织联合会的关怀与支持下，通过全体会员单位的共同努力，围绕“维权、服务、协调、自律”4大职能，积极主动开展活动，取得了一定成效。现有会员单位339家，理事116人，会长（法定代表人）为陈磊。

20多年来协会坚持民主办会，起到双向服务，发挥助手、桥梁纽带作用，主动承担和完成政府主管部门和上级协会交办的工作。深入地市和企业调研，及时传达贯彻国家有关法律、法规、规范、标准等，并将存在的问题及时向行政主管部门反映，帮助处理行业内各会员单位遇到的困难和问题，竭诚为会员服务，积极为会员单位维权。

通过协会工作人员共同努力，各项工作一步一个台阶，不断完善各项管理制度，在规范管理上下功夫。积极做好协调，狠抓行业诚信自律。开展各项活动，同省外兄弟协会、企业沟通交流，充分运用协调手段，提升行业整体素质。

在经济新常态及行业深化改革的大背景下，协会按照建筑业转型升级的总体部署，进一步深化改革，促进企业转型，加快企业发展，为推进安徽省有条件的监理企业向全过程工程咨询转型提供有力的支持。

2015年1月协会荣获安徽省第四届省属“百优社会组织”称号；

2016年1月协会被安徽省民政厅评为4A级中国社会组织。

新时期、新形势，监理行业面临着不断变化的新情况、新难题。因此不断改革创新、转变工作思路已经成为一种新常态，这既是对监理行业的挑战，同时也给监理企业的发展提供了新契机。协会将充分发挥企业与政府间的桥梁纽带作用，不断增强行业凝聚力和战斗力，加强协会自身建设，提高协会工作水平，为监理行业的发展做出新的贡献。

地　址：安徽省合肥市包河区紫云路996号省城乡规划建设大厦408室
邮　编：230091
电　话：0551-62876469，62876429
网　址：www.ahaec.org

公众号：

安徽省建设监理协会第五届会员代表大会暨五届一次理事会

安徽省建设监理协会第五届会员代表大会会场

安徽省建设监理协会理论研究与技术创新专业委员会一届一次会议

安徽省建设监理协会项目管理专业委员会一届一次会议

山西震益工程建设监理有限公司

山西震益工程建设监理有限公司，原为太钢工程监理有限公司，于2006年7月改制为有限责任公司。是具有冶炼、电力、矿山、房屋建筑、市政公用、公路等工程监理、工程试验检测、设备监理甲级执业资质的综合性工程咨询服务企业。主要业务涉及冶金、矿山、电力、机械、房屋建筑、市政、环保、公路等领域的工程建设监理、设备监理、工程咨询、造价咨询、检测试验等。

公司拥有一支人员素质高、技术力量雄厚、专业配套能力强的高水平监理队伍，现有职工500余人。其中各类国家级注册工程师163人，省（部）级监理工程师334人，高级职称58人、中级职称386人。各类专业技术人员配套齐全、技术水平高、管理能力强，具有长期从事大中型建设工程项目管理经历和经验，具有良好的职业道德和敬业精神。

公司先后承担了工业及民用建设大中型工程项目500余个，足迹遍及国内20多个省市乃至国外，在全国各地4千余个制造厂家进行了驻厂设备监理。有近100项工程分别获得“新中国成立60周年百项经典暨精品工程奖”“中国建设工程鲁班奖”“国家优质工程——金质奖”“冶金工业优质工程”“山西省优良工程”、山西省“汾水杯”质量奖、山西省及太原市“安全文明施工样板”工地等。

依托公司良好的业绩和信誉，公司近年来连续获得国家、冶金行业及山西省“优秀/先进监理企业”称号、太原市“守法诚信”单位等。《中国质量报》曾多次报道介绍企业的先进事迹。

公司注重企业文化建设，以“追求卓越、奉献精品”为企业使命，秉承“精心、精细、精益”特色理念，围绕“建设最具公信力的监理企业”企业目标，创建学习型企业，打造山西震益品牌，为社会各界提供优质产品和服务。

太钢技术改造工程建设全景

太钢冷连轧工程

俯瞰袁家村铁矿工程

焦炉煤气脱硫脱氰工程

2250mm 热轧工程

花园国际酒店

太钢新炼钢工程全景